全国高等职业教育示范专业规划教材
模具设计与制造专业

模具材料的选用与热处理

主　编　陈叶娣
副主编　钱子龙
参　编　陈泰兴　严小锋
主　审　张金标

机 械 工 业 出 版 社

本书包括三个项目：典型冷作模具的材料选用与热处理、典型热作模具的材料选用与热处理、典型塑料模具的材料选用与热处理。

本书在内容编排方面以工作任务为驱动，即每个项目分别选取多个不同的典型模具作为工作任务，三个项目共设有八个真实的工作任务。同时，本书采用以工作过程为导向的编写形式，即每个项目按工作任务的实施步骤设有四个单元，即模具的工作条件与失效形式、模具的性能要求与材料选择、模具的热处理及综合训练。

本书可作为高职高专及成人院校模具类专业的教材，也可供从事模具设计与制造的工程技术人员参考使用。

本书配有电子教案，凡使用本书作为教材的教师可登录机械工业出版社教材服务网 www.cmpedu.com 下载。咨询信箱：cmpgaozhi@sina.com。咨询电话：010-88379375。

图书在版编目（CIP）数据

模具材料的选用与热处理/陈叶娣主编. —北京：机械工业出版社，2012.6（2019.3 重印）

全国高等职业教育示范专业规划教材. 模具设计与制造专业

ISBN 978-7-111-37930-0

Ⅰ.①模… Ⅱ.①陈… Ⅲ.①模具钢-热处理-高等职业教育-教材 Ⅳ.①TG162.4

中国版本图书馆 CIP 数据核字（2012）第 059698 号

机械工业出版社（北京市百万庄大街 22 号 邮政编码 100037）

策划编辑：于奇慧 责任编辑：于奇慧

版式设计：霍永明 责任校对：吴美英

封面设计：鞠 杨 责任印制：常天培

北京京丰印刷厂印刷

2019 年 3 月第 1 版 · 第 3 次印刷

184mm × 260mm · 8.75 印张 · 209 千字

5 501—7 400 册

标准书号：ISBN 978-7-111-37930-0

定价：23.00 元

凡购本书，如有缺页、倒页、脱页，由本社发行部调换

电话服务

社服务中心：（010）88361066

销售一部：（010）68326294

销售二部：（010）88379649

读者购书热线：（010）88379203

网络服务

门户网：http://www.cmpbook.com

教材网：http://www.cmpedu.com

封面无防伪标均为盗版

前　言

“模具材料的选用与热处理”是模具设计与制造专业的一门重要基础课，是模具从业人员的必备知识。模具材料的选择是否合理、热处理是否得当会直接影响模具的使用寿命和企业的经济效益。当前，企业对从业人员的要求越来越高，因此职业教育对学生职业能力和职业素养的培养也越来越重视。本书旨在通过对典型任务的学习能够触类旁通，为今后解决实际问题奠定良好的基础。

本书以“真实的工作任务”为载体构建教学项目，共设有“典型冷作模具的材料选用与热处理、典型热作模具的材料选用与热处理、典型塑料模具的材料选用与热处理”三个项目。每个项目采用多个不同的典型模具作为工作任务，如项目一中以“调整垫片的冷冲裁模具、冰箱门外壳的冷拉深模具、带中间凸缘轴零件的冷镦模具、气门顶杆的冷挤压模具”作为工作任务。三个项目共有八个工作任务，每个项目按工作任务的实施步骤设有四个单元，即模具的工作条件与失效形式、模具的性能要求与材料选择、模具的热处理、综合训练。除了综合训练外，其他单元均设有五部分内容，即单元目标、单元任务、任务导学、任务实施、单元练习，其中“任务导学”是完成每个任务的关键所在，它主要根据任务实施的要求安排相关知识。

本书的教学内容安排与组织突出了对实践能力的培养，直接针对岗位需求，具有明显的职业导向性及较强的过程属性，能够融学习过程于工作过程；同时按照知识、能力协调发展的原则，设计“任务导学”部分，将相关知识分解嵌入到各个单元中。作为任务实施的导学内容，其编写充分体现了“以工作任务为驱动，以工作过程为导向，注重知识的系统性与实用性”的特点，便于学生学习和应用。

本书由陈叶娣担任主编并统稿，钱子龙担任副主编，张金标担任主审。项目一的单元一、二、三、四，项目二的单元一、二及项目三的单元四由陈叶娣编写；项目二的单元三、四由钱子龙编写，项目三的单元一、二由陈泰兴编写，项目三的单元三由苏州骏马奔腾塑业有限公司模具部严小锋编写。在本书编写过程中，还得到了中国模具工业协会技术委员会委员邓卫国、苏州骏马奔腾塑业有限公司模具部陈万杰、常州明杰模具有限公司李国勤等同仁的帮助和指导，他们提供了许多宝贵经验和意见，在此一并表示感谢。

由于编者水平有限，错误和不妥之处在所难免，敬请读者批评指正。

编　者

目　录

前言
项目一　典型冷作模具的材料选用与热处理……1
一、任务目标……1
二、工作任务……1
单元一　典型冷作模具的工作条件与失效形式……7
一、单元目标……7
二、单元任务……7
三、任务导学……7
（一）模具失效的定义及常见的失效形式……8
（二）模具失效的原因及预防措施……10
（三）模具寿命及其影响因素……11
（四）冷作模具的工作条件与失效形式……11
（五）几种典型冷作模具的工作条件与失效形式……13
四、任务实施……14
五、单元练习……14
单元二　典型冷作模具的性能要求与材料选择……15
一、单元目标……15
二、单元任务……16
三、任务导学……16
（一）模具材料的性能要求……16
（二）模具材料的冶金质量及其他应考虑的因素……18
（三）常用冷作模具材料的成分……20
（四）冷作模具钢的分类、牌号及其特点……21
（五）常用国产冷作模具钢的特性与用途……22
（六）常用进口冷作模具钢的特性与用途……24
（七）模具材料的选用原则……26
（八）冷作模具工作零件材料的选用……27
（九）冷作模具结构零件材料的选用……30
四、任务实施……30
五、单元练习……32
单元三　典型冷作模具的热处理……33
一、单元目标……33
二、单元任务……33
三、任务导学……33
（一）模具钢的一般热处理方法……34
（二）冷作模具钢的热处理工艺……41
（三）常用冷作模具钢的退火状态硬度、淬火温度及硬度……44
（四）冷作模具工作零件的工作硬度……46
（五）冷作模具结构零件的工作硬度……48
四、任务实施……49
五、单元练习……51
单元四　综合训练……52
项目二　典型热作模具的材料选用与热处理……54
一、任务目标……54
二、工作任务……54
单元一　热作模具的工作条件与失效形式……57
一、单元目标……57
二、单元任务……57
三、任务导学……57
（一）概述……57
（二）锤锻模的工作条件与失效形式……58
（三）热挤压模具的工作条件与失效形式……60
（四）压铸模具的工作条件与失效形式……62
四、任务实施……63

五、单元练习 …… 63

单元二　热作模具的性能要求与材料选择 …… 64

一、单元目标 …… 64

二、单元任务 …… 64

三、任务导学 …… 65

（一）热作模具钢的分类与特性 …… 65

（二）常用热作模具钢的化学成分 …… 66

（三）热作模具钢的性能要求 …… 67

（四）常用国产热作模具钢的特性与用途 …… 68

（五）常用进口热作模具钢的特性与用途 …… 69

（六）热作模具工作零件材料的选用 …… 70

（七）热作模具结构零件材料的选用 …… 70

四、任务实施 …… 71

五、单元练习 …… 72

单元三　典型热作模具的热处理 …… 73

一、单元目标 …… 73

二、单元任务 …… 73

三、任务导学 …… 73

（一）热作模具钢的锻造和退火处理 …… 74

（二）热作模具钢的淬火处理 …… 75

（三）热作模具钢的回火处理 …… 76

（四）模具钢的表面化学热处理 …… 77

（五）模具钢的其他表面处理技术 …… 85

四、任务实施 …… 95

五、单元练习 …… 96

单元四　综合训练 …… 97

项目三　典型塑料模具的材料选用与热处理 …… 100

一、任务目标 …… 100

二、工作任务 …… 100

单元一　典型塑料模具的工作条件与失效形式 …… 102

一、单元目标 …… 102

二、单元任务 …… 102

三、任务导学 …… 102

（一）塑料模具的分类与工作条件 …… 102

（二）塑料模具的失效形式 …… 104

四、任务实施 …… 105

五、单元练习 …… 105

单元二　塑料模具的性能要求与材料选择 …… 107

一、单元目标 …… 107

二、单元任务 …… 107

三、任务导学 …… 107

（一）塑料模具钢的性能要求 …… 107

（二）塑料模具用钢分类 …… 108

（三）常用国产塑料模具用钢的特性及应用 …… 110

（四）常用进口塑料模具用钢的特性及应用 …… 112

（五）塑料模具材料的选用原则 …… 115

（六）塑料模具成型零件材料的选用 …… 118

（七）塑料模具结构零件材料的选用 …… 118

四、任务实施 …… 119

五、单元练习 …… 119

单元三　典型塑料模具的热处理 …… 120

一、单元目标 …… 120

二、单元任务 …… 120

三、任务导学 …… 120

（一）塑料模具钢热处理的基本要求 …… 121

（二）不同类型塑料模具的工作硬度 …… 121

（三）塑料模具的热处理特点 …… 122

（四）常用塑料模具钢的热处理工艺 …… 123

（五）塑料模具的表面处理方法 …… 125

（六）影响塑料模具变形的因素 …… 126

四、任务实施 …… 126

五、单元练习 …… 127

单元四　综合训练 …… 128

参考文献 …… 131

项目一　典型冷作模具的材料选用与热处理

一、任务目标

终极目标：

1）会合理选择冷作模具的材料与热处理方法。

2）会合理安排冷作模具的热处理工艺。

促成目标：

1）会分析典型冷作模具的工作条件与失效形式。

2）会分析典型冷作模具材料的性能要求。

3）了解常用冷作模具材料的成分、性能及应用场合。

4）了解常用冷作模具的热处理方法。

二、工作任务

1. 调整垫片的冷冲裁模具

图 1-1 所示为某企业生产的调整垫片零件图，材料为铝板，厚度为 0.2mm。该零件的特点是材料薄、尺寸精度要求比较高，外观要求表面平整、无划痕、起皱、飞边和卷边等缺陷，模具寿命为 10 万件。

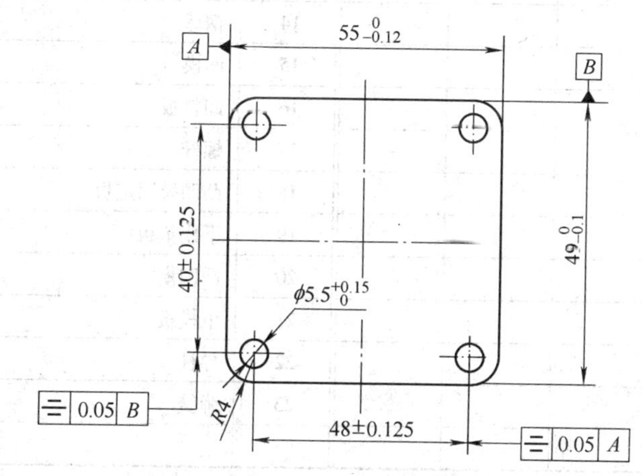

图 1-1　调整垫片

1）选择如图 1-2 所示调整垫片冷冲裁模具的材料，并写出模具零件的硬度要求，完成表 1-1。

2）合理安排调整垫片冷冲裁模具凸凹模的热处理工艺。

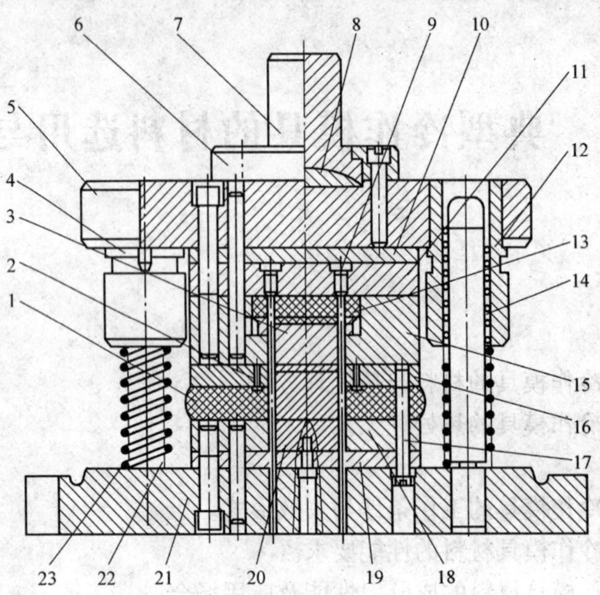

图 1-2 调整垫片冷冲裁模具总图

1—缓冲器（1） 2—定位销 3—退料器 4—导套压板 5—上模板 6—锥面压圈 7—球面模柄 8—球面垫块 9—凸模 10—上模垫板 11—凸模固定板 12—导套 13—缓冲器（2） 14—钢球 15—凹模 16—卸料板 17—螺杆 18—凸凹模固定板 19—下模垫板 20—凸凹模 21—下模板 22—导柱 23—弹簧

表 1-1 调整垫片冷冲裁模具材料选择与硬度要求

零件号	零件名称	零件材料	硬度 HRC	零件号	零件名称	零件材料	硬度 HRC
1	缓冲器（1）			13	缓冲器（2）		
2	定位销			14	钢球		
3	退料器			15	凹模		
4	导套压板			16	卸料板		
5	上模板			17	螺杆		
6	锥面压圈			18	凸凹模固定板		
7	球面模柄			19	下模垫板		
8	球面垫块			20	凸凹模		
9	凸模			21	下模板		
10	上模垫板			22	导柱		
11	凸模固定板			23	弹簧		
12	导套						

2. 冰箱门外壳的冷拉深模具

图 1-3 所示为某冰箱门外壳，其材料为厚 0.6mm 的彩色钢板，由于是外观零件，其表面不允许有明显的翘曲变形缺陷，模具寿命为 2 万件。

1）选择如图 1-4 所示冰箱门外壳冷拉深模具的材料，并写出模具零件的硬度要求，完成表 1-2。

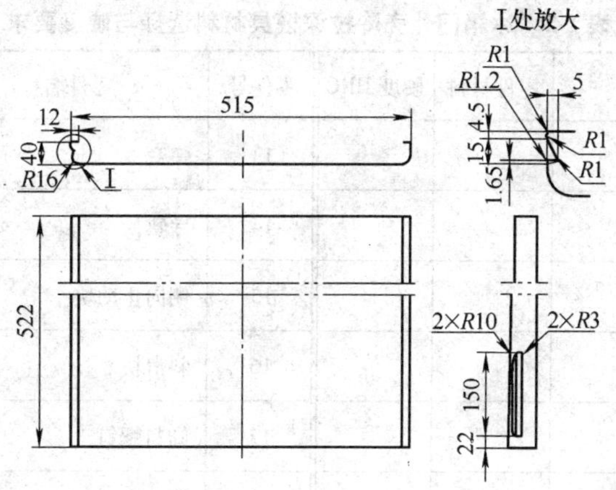

图 1-3　冰箱门外壳

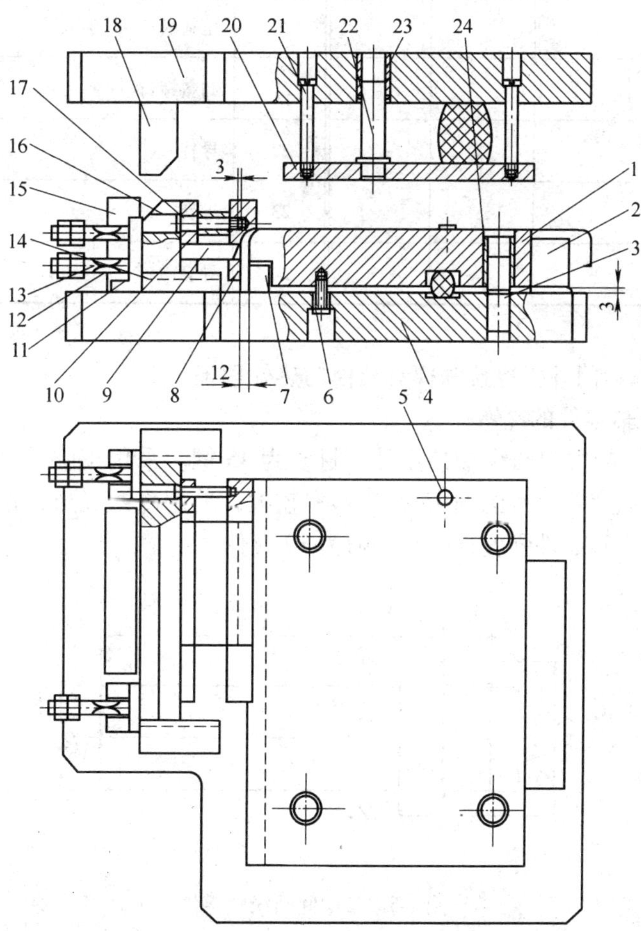

图 1-4　冰箱门外壳冷拉深模具

1—成形凹模　2—侧面挡块　3、22—导柱　4—下模座　5—定位钉　6、17、21—卸料螺钉　7—压料块　8、20—压料板　9—凸模　10—凸模固定板　11—限位块　12—拉杆　13—弹簧　14—导轨　15—侧向止动块　16—斜滑块　18—斜楔　19—上模座　23、24—导套

表 1-2 冰箱门外壳冷拉深模具材料选择与硬度要求

零件号	零件名称	零件材料	硬度 HRC	零件号	零件名称	零件材料	硬度 HRC
1	成形凹模			13	弹簧		
2	侧面挡块			14	导轨		
3	导柱			15	侧向止动块		
4	下模座			16	斜滑块		
5	定位钉			17	卸料螺钉		
6	卸料螺钉			18	斜楔		
7	压料块			19	上模座		
8	压料板			20	压料板		
9	凸模			21	卸料螺钉		
10	凸模固定板			22	导柱		
11	限位块			23	导套		
12	拉杆			24	导套		

2）合理安排冰箱门外壳冷拉深模具凸模的热处理工艺。

3. 带中间凸缘轴零件的冷镦模具

图 1-5 所示为一带中间凸缘轴的零件，材质为 45 钢。采用车削方法加工，效率低，钢材利用率低，零件强度差。考虑到 45 钢变形率较大，采用冷镦成形，这样可以显著提高生产效率、钢材利用率和零件强度，模具寿命为 30 万件。

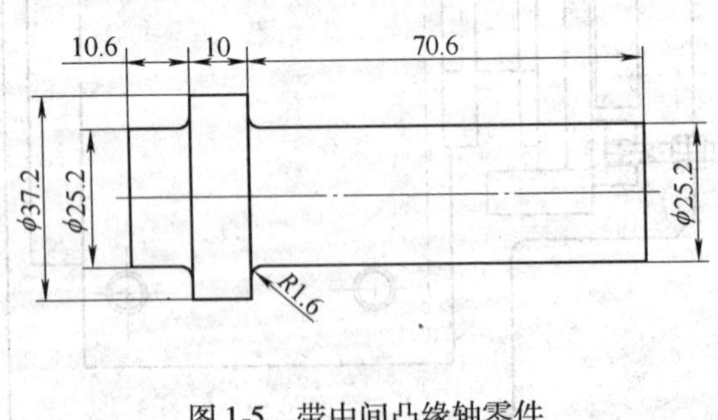

图 1-5 带中间凸缘轴零件

1）选择如图 1-6 所示带中间凸缘轴零件冷镦模具的材料，并写出模具零件的硬度要求，完成表 1-3。

2）合理安排带中间凸缘轴零件冷镦凸模的热处理工艺。

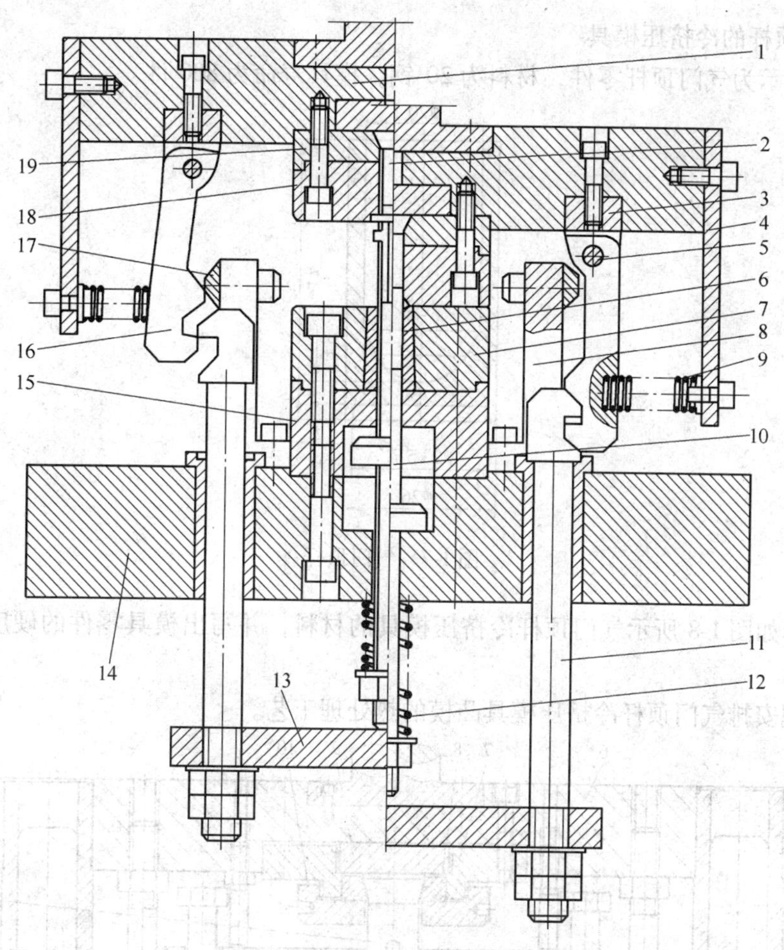

图 1-6　带中间凸缘轴零件冷镦模具

1—上模座　2—上模芯　3—铰链座　4—挡板　5—销轴　6—下凹模　7—下凹模固定板　8—立柱　9、12—压缩弹簧　10—下模芯　11—下拉钩　13—连接板　14—下模座　15、19—固定板　16—上拉钩　17—限位块　18—上凹模

表 1-3　带中间凸缘轴零件冷镦模具材料选择与硬度要求

零件号	零件名称	零件材料	硬度 HRC	零件号	零件名称	零件材料	硬度 HRC
1	上模座			11	下拉钩		
2	上模芯			12	压缩弹簧		
3	铰链座			13	连接板		
4	挡板			14	下模座		
5	销轴			15	固定板		
6	下凹模			16	上拉钩		
7	下凹模固定板			17	限位块		
8	立柱			18	上凹模		
9	压缩弹簧			19	固定板		
10	下模芯						

4. 气门顶杆的冷挤压模具

图 1-7 所示为气门顶杆零件，材料为 20 钢，模具寿命为 800 件。

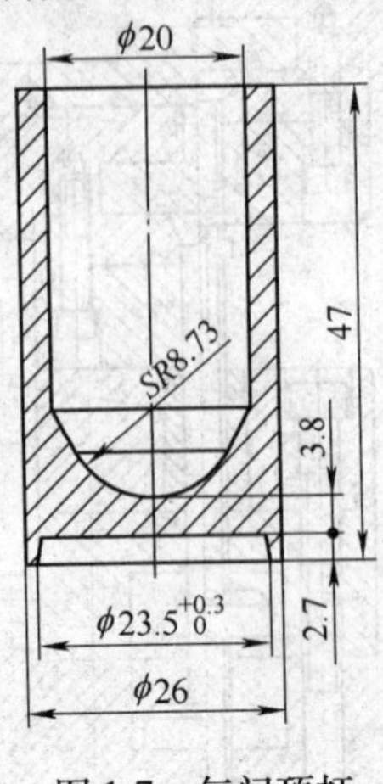

图 1-7 气门顶杆

1）选择如图 1-8 所示气门顶杆冷挤压模具的材料，并写出模具零件的硬度要求，完成表 1-4。

2）合理安排气门顶杆冷挤压模具凸模的热处理工艺。

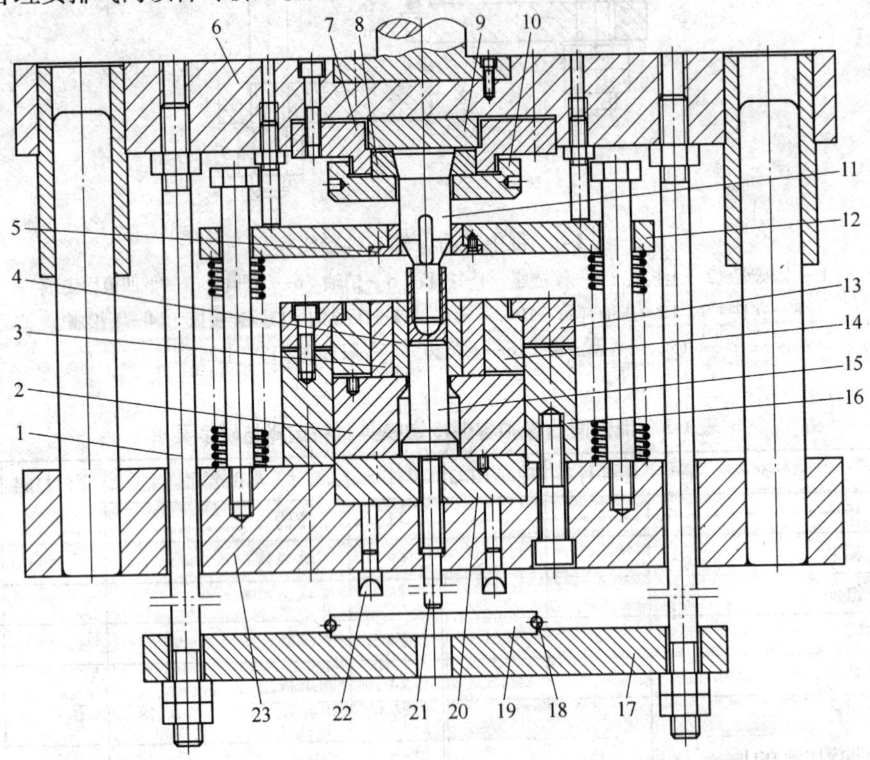

图 1-8 气门顶杆冷挤压模具

1—拉杆 2—垫块 3—凹模中套 4—凹模内套 5—卸料圈 6—上模座 7—定位圈 8—压环 9、20—压力垫板 10—紧固圈 11—凸模 12—卸料板 13—压圈 14—凹模外套 15—顶杆 16—定位环 17—顶板 18—拉簧 19—活动板 21—小顶杆 22—斜块 23—下模座

表 1-4 气门顶杆冷挤压模具材料选择与硬度要求

零件号	零件名称	零件材料	硬度 HRC	零件号	零件名称	零件材料	硬度 HRC
1	拉杆			13	压圈		
2	垫块			14	凹模外套		
3	凹模中套			15	顶杆		
4	凹模内套			16	定位环		
5	卸料圈			17	顶板		
6	上模座			18	拉簧		
7	定位圈			19	活动板		
8	压环			20	压力垫板		
9	压力垫板			21	小顶杆		
10	紧固圈			22	斜块		
11	凸模			23	下模座		
12	卸料板						

单元一 典型冷作模具的工作条件与失效形式

一、单元目标

终极目标：会分析典型冷作模具的工作条件与失效形式。
促成目标：
1）会分析冷冲裁模具的工作条件与失效形式。
2）会分析冷拉深模具的工作条件与失效形式。
3）会分析冷镦模具的工作条件与失效形式。
4）会分析冷挤压模具的工作条件与失效形式。

二、单元任务

1）分析图 1-2 所示调整垫片冷冲裁模具的工作条件与失效形式。
2）分析图 1-4 所示冰箱门外壳冷拉深模具的工作条件与失效形式。
3）分析图 1-6 所示带中间凸缘轴零件冷镦模具的工作条件与失效形式。
4）分析图 1-8 所示气门顶杆冷挤压模具的工作条件与失效形式。

三、任务导学

要完成本单元任务，需掌握以下知识：

1）模具失效的定义及常见的失效形式。
2）模具失效的原因及预防措施。
3）模具寿命及其影响因素。
4）冷作模具的工作条件与失效形式。
5）几种典型冷作模具的工作条件与失效形式。

模具是制造技术的核心，工业要发展，首先要发展模具工业。模具作为国民经济的基础工业，涉及机械、汽车、轻工、电子、化工、冶金、建材等各个行业，量大面广，品种繁多。

“模具是工业之母”，模具性能的好坏、寿命高低，直接影响产品的质量和经济效益，而模具材料与热处理是影响模具寿命诸因素中的主要因素。所以，目前世界各国都在不断地开发模具新材料，改进热处理工艺和表面强化技术。

根据模具的工作条件，可将模具分为冷作模具、热作模具、塑料模具及其他模具。

冷作模具是指在冷态下完成对金属或非金属材料塑性变形加工的工具，包括冷冲裁模具、冷拉深模具、弯曲模具、冷镦模具、冷挤压模具、拉丝模具等，完成的工序有冲孔、落料、挤压、冷镦、拉深、滚丝、拉丝、弯曲、成形等。

热作模具是指在再结晶温度以上使金属材料产生一定的塑性变形，或者使高温的液态金属铸造成形，从而获得各种所需形状的零件或精密毛坯。热作模具主要用于热变形加工和压力铸造用模具，包括锤锻模、热挤压模和压铸模。

塑料模具是指在一定的温度和压力下加工成型各种塑料制品的模具，按照塑料制品的原材料性能和成型方法，可以把塑料模具分为热固性塑料模和热塑性塑料模两大类。

其他模具是指除以上三大种类模具以外的模具，如橡胶模、玻璃模等。

模具钢大致可分为冷作模具钢、热作模具钢、塑料模具钢三大类，用于锻造、冲压、切型、压铸等。

常用的冷作模具材料有：冷作模具钢、硬质合金、铸铁、铜合金、锌基合金等。

（一）模具失效的定义及常见的失效形式

模具可以正常生产合格工件的过程称为模具服役。模具在服役过程中可能会产生某些缺陷（如微裂纹、轻度磨损、变形等），但仍能继续工作，未丧失服役能力的状态称为模具的损伤。因损伤积累至一定程度导致模具损坏而无法继续服役的现象称为模具失效，模具失效又分为正常失效与偶然失效。

正常失效是指经过大量的生产使用，因摩擦而自然磨损或缓慢地产生塑性变形及疲劳裂纹，达到正常使用寿命之后的失效，属于正常的现象。

偶然失效是指模具未达到设计使用规定的期限，即产生崩刃、碎裂、折断等早期破坏，或因严重的局部磨损和塑性变形而无法继续服役的现象。

模具的主要失效形式有塑性变形、磨损、疲劳、断裂等。

1. 塑性变形失效

模具的某个部位所受的应力超过了当时温度下模具材料的屈服极限时，就会产生塑性变形，其几何形状或尺寸发生改变，而且不能经修复后再服役时，这种失效称为塑性变形失效。其表现形式有凹模的型腔塌陷、型孔扩大、棱角塌陷等，凸模出现镦粗、纵向弯曲等。以下两种原因最易形成塑性变形失效：

1）工作温度超过模具的回火温度，模具强度降低而被压塌或压堆。

2）低淬透性钢制冷镦凹模，由于淬硬层薄，淬硬层下面基体的抗压强度小于冷镦应力，孔腔被压塌。

注意：在硬度相同的情况下，不同化学成分的钢具有的抗压强度不同。模具钢的屈服强度一般随碳和某些合金元素含量的增多而升高。例如，当钢的硬度为63HRC时，下列四种钢的屈服强度由高到低的顺序为：W18Cr4V > Cr12 > Cr6WV > 5CrNiW。

2. 磨损失效

由于模具工作部位与被加工材料之间的摩擦损耗，使工作部位（刃口、冲头）形状和尺寸发生变化而引起的失效称为磨损失效，它又包括正常磨损失效和非正常磨损失效两类。

（1）正常磨损失效是指由于模具工作部位与被加工材料之间的均匀摩擦损耗，使工作部位（刃口、冲头）的形状和尺寸发生均匀变化，直至失效。这类模具的使用寿命较长，如表面质量要求高的冲裁模和挤压模易产生此类失效。

（2）非正常磨损失效是指在局部高压力作用下，模具工作部位与被加工材料间发生咬合，即被加工材料“冷焊”到模具表面（或模具材料“冷焊”到被加工材料表面），引起被加工产品（或模具材料）的表面形状和尺寸发生突变而导致的失效，或被加工产品表面出现划痕导致的失效。在拉深、弯曲模具及冷挤压模具中易发生此类失效。

磨损失效的表现形式为模具形状尺寸的改变、刃口钝化、棱角变圆、平面下陷、表面沟痕、剥落等。影响磨损失效的因素有以下几种：

1）模具钢的硬度。硬度越高，一般情况下耐磨性也越好。

2）碳化物的性质、大小、分布和数量。在钢中存在有严重的碳化物偏析或大颗粒碳化物的情况下，这些碳化物容易剥落，从而引起磨粒磨损，使磨损加快。

3）磨损的类型。滑动磨损小于冲击磨损，如薄板冲裁、拉深、弯曲等冷作模具，工作载荷不大，主要表现为滑动磨损。模具钢的含碳量高，合金元素多，耐磨性就好。在模具钢中，目前高速钢和高铬钢的耐磨性较好。对于冷镦、冷挤压、热锻等在冲击磨损条件下工作的模具，过多的碳化物无助于提高耐磨性，反而因冲击磨粒磨损而降低耐磨性。高速钢和高铬钢因碳化物过多，就容易因冲击磨损而出现表面剥落，这些剥落的硬粒将成为磨粒，加快磨损速度。研究表明，在冲击磨粒磨损条件下，模具钢含碳量以0.6%（质量分数）为上限。

3. 疲劳失效

模具疲劳失效的根本原因是应力集中和循环载荷。尽管模具受到的载荷有时明显低于其屈服强度，但由于局部的应力集中，使模具在低的载荷下，在应力集中处仍然会形成微裂纹。当微裂纹形成后，在模具所受的循环载荷作用下，微裂纹很容易扩展并最终导致疲劳断裂。

4. 断裂失效

断裂失效的常见形式有崩刃、劈裂、折断、胀裂等。不同模具断裂的驱动力不同，冷作模具所受的力主要为机械力，热作模具除了受机械力外，还有热应力和组织应力。许多热作模具的工作温度较高，又采用强制冷却，其内应力可能远远超过机械应力，因此，热作模具的断裂主要与内应力过大有关。

模具断裂过程有两种，即一次性断裂和疲劳断裂。一次性断裂为模具在冲压时突然断裂，裂纹一旦萌生，随即失稳、扩展，它的主要原因是严重超载或模具材料严重脆化（如过热、回火不足、严重应力集中及严重的冶金缺陷等）。疲劳断裂为零件在交变载荷下经过较长时间的工作而发生断裂的现象。

(二) 模具失效的原因及预防措施

造成模具失效的原因有很多，涉及的技术面很广，但其中主要原因可归纳为设计不合理、材质不佳、热处理不当、加工不良、使用不妥等几方面。据有关调查资料显示，模具失效的比例大致为：设计不合理占3.3%，材质不佳占17.8%，热处理不当占52%，锻造不良占7.8%，加工工艺不合理占8.9%，使用不当占10.2%。因此，在模具使用中出现失效问题后，应逐项分析，找出主要原因，提出解决办法。从实际对模具失效影响较大的方面去考虑，基本上可以将模具失效的影响因素分为以下几个方面，即模具设计、热处理、机械加工及模具使用等。

1. 设计不合理引起模具失效

就目前而言，大多数模具的设计是凭经验进行的。从模具的失效形式上看，主要有以下两方面需要注意，即模具结构设计与模具选材。

(1) 模具结构设计　从失效分析的角度来看，尖锐转角（此处应力集中高于平均应力10倍以上）和过大的截面变化造成的应力集中，常常成为模具早期失效的根源，并且在热处理淬火过程中，由于尖锐转角引起的残留拉应力会缩短模具寿命。而薄壁和断面太薄则除了导致应力集中外，还易造成强度不足，导致模具塑性变形或开裂失效。

(2) 模具选材　模具材料的内部缺陷，如疏松、缩孔、夹杂、成分偏析、碳化物分布不均、原表面缺陷（如疤痕等）均会影响钢材性能。

1) 夹杂物过多引起失效。钢中存在的夹杂物是模具内部产生裂纹的根源，尤其是脆性氧化物和硅酸盐等，在热压力加工中不发生塑性变形，只会引起脆性的破裂而形成微裂纹。在后续的热处理和使用中微裂纹进一步扩展，而引起模具的开裂。此外，在磨削时，由于大颗粒夹杂物的剥落，易造成表面孔洞。

2) 表面脱碳引起失效。模具钢在热压力加工和退火时，常常由于加热温度过高、保温时间过长而造成钢材表面脱碳。严重脱碳的钢材在机械加工后，有时仍残留有脱碳层，这样在淬火时，由于内外层组织的不同（表面脱碳层为铁素体，内部为珠光体）造成组织转变不一致，从而产生裂纹。

3) 碳化物分布不均引起失效。Cr12、Cr12MoV等模具钢中碳和合金元素的含量较高，形成了许多共晶碳化物，这些碳化物在锻造比较小时，易呈现带状和网状偏析，导致淬火时常出现沿带状碳化物分布的裂纹。模具在使用过程中，这些裂纹进一步扩展，造成模具开裂失效。

2. 热处理不当引起模具失效

淬火过热会引起钢的晶粒长大，冲击韧度下降，使模具发生崩刃或早期断裂的危险性增加。模具在淬火或高温回火时未加保护将引起表面脱碳，如果未将表面脱碳层除去，将严重降低模具的耐磨性，并缩短疲劳或冷热疲劳寿命。模具回火不充分，将在模具中残留较大的淬火应力，并使模具的韧性下降，也容易发生早期断裂。模具钢中含有较多的碳和合金元素，导热性差，因此，加热速度不能太快，应缓慢进行，以防止模具发生变形和开裂。在空气炉中加热淬火时，为了防止氧化和脱碳，应采用装箱保护加热，此时升温速度不宜过快，而透热也应较慢，这样不会产生太大的热应力，比较安全。若模具加热速度快、透热快，模具内外会产生很大的热应力，如果控制不当，很容易产生变形或裂纹，因此必须采用预热或减慢升温加速度的方法来预防。

3. 机械加工不当引起模具失效

模具在制造过程中，要经过切削加工、磨削加工、电火花加工等工序，而每一道工序的加工质量均将对模具的失效形式和寿命产生较大的影响。

（1）切削加工对模具失效的影响　模具的型腔部位或凸模的圆角部位在机械加工中，常常会由于切削量大而使局部留下刀痕，表面粗糙度值高，从而导致这些地方产生应力集中现象，进而在热处理过程中或使用过程中早期发生开裂失效。但切削量过小，未能充分且均匀去除模具表面的脱碳层时，也常常由于脱碳层较软，强度低，易在模具使用期间形成裂纹，最终导致模具失效。

（2）磨削加工对模具失效的影响　在对模具型腔面进行磨削加工时，由于受磨削速度过大、砂轮粒度过细或冷却条件差等因素影响，均会导致磨削表面过热或引起表面软化、硬度降低，使模具在使用中因磨损严重或热应力而产生磨削裂纹，导致早期失效。磨削通常在热处理之后进行，由于热处理时的一些因素，如淬火后模具未立即回火、模具淬火温度过高、有网状碳化物等，都将使磨削时易形成裂纹，从而导致模具失效。

（3）电火花加工对模具失效的影响　模具在进行电火花加工时，由于放电产生大量的热，将模具被加工部位加热到很高温度，使组织发生变化，形成所谓的电火花加工异常层。在这其中有许多的显微裂纹，而且还存在着较大的拉应力，这些都将严重降低模具的疲劳抗力。尤其当电火花加工异常层较厚时（$>10\mu m$），模具更容易出现早期失效。因此，应控制电火花加工的参数，将异常层的厚度尽量减小到 $10\mu m$ 以下，或完全去除，以消除异常层对模具的不良影响。

4. 模具使用不当引起模具失效

模具的工作条件实际是非常严酷的，有较多的工作条件因素对模具的失效有影响，如压力机的刚性差、精度低、加载速度过大、压力机吨位过高或过低、工作频率过高、被加工零件材料的因素、模具的冷却和润滑条件等。

（三）模具寿命及其影响因素

模具寿命是指模具在正常失效前生产出的合格产品的数目，包括首次寿命和修模寿命。模具在首次修复前生产出的合格产品的数目称为首次寿命；模具在一次修复后，到下一次修复前所生产出的合格产品的数目称为修模寿命。模具寿命 = 首次寿命 + 各次修模寿命。

影响模具寿命的主要因素有模具结构设计、模具材料、冷热加工工艺、热处理、研磨、机床的调整与操作、被加工材料的性质与状态、润滑条件及模具的服役环境等。其中模具材料对模具寿命的影响反映在模具材料的选择是否正确、材质是否良好和使用是否合理三个方面。热处理不当是导致模具早期失效的重要因素，热处理对模具寿命的影响主要反映在热处理技术要求不合理和热处理质量不良两个方面。统计资料表明，由于模具选材和热处理不当，致使模具早期失效的比例约为70%。

（四）冷作模具的工作条件与失效形式

冷作模具主要用于金属或非金属材料的冷态成形。冷作模具在服役过程中承受拉伸、弯曲、压缩、冲击、疲劳等不同应力的作用，而用于金属冷挤、冷镦、冷拉深的模具，还要承受300℃左右的交变温度作用。

冷作模具的主要失效形式有断裂失效、变形失效、磨损失效、咬合失效、啃伤失效等。

1. 断裂失效

模具在使用中突然出现裂纹或发生破损而失效称为断裂失效，按其损坏情况可分为局部破损（剥落、崩刃、掉牙等）和整体性破损（如碎裂、断裂、胀裂、劈裂等）。它们的特点是破损大多产生在受力最大的工作部位，或是在截面变化的应力集中处。

按断裂过程特征不同，断裂失效可分为脆性断裂失效和疲劳断裂失效两种形式。

（1）脆断失效　主要是由于模具存在冶金缺陷。

（2）疲劳断裂失效　主要是由于循环应力所造成的，其断裂过程比脆断失效缓慢得多。

2. 变形失效

模具在使用过程中发生塑性变形，失去原有的几何形状，这种失效称为变形失效。硬度偏低或淬硬层太薄的模具通常发生变形失效，具体表现为凸模镦粗、弯曲，凹模型腔下沉塌陷、棱角堆塌、模孔胀大等。

3. 磨损失效

冷作模具在工作时，坯料沿着模具表面既滑动又流动，使模具与坯料间产生很大的摩擦力，使模具表面被划出或多或少的凹凸痕迹。这些痕迹与坯料表面的凹凸不平相咬合，在模具表面逐渐产生了机械破损而产生磨损失效。如果在凸凹模之间夹有细而硬的夹杂物，如氧化物等，将导致模具磨损加剧，以至于使模具和坯料表面刮伤或粘附等。

在模具中常遇到的磨损形式有：磨粒磨损、粘着磨损、腐蚀磨损和疲劳磨损等。

（1）磨粒磨损　是指在工件和模具接触表面之间由于外来硬质颗粒或者工件表面的硬突出物刮擦模具表面，引起模具表面材料脱落的现象。影响磨粒磨损的主要因素有磨粒大小与形状、磨粒硬度和模具材料硬度、模具与工件表面间的压力、磨粒尺寸与工件厚度的相对比值等。可以通过提高模具材料的硬度、进行表面耐磨处理、采用防护措施等途径提高耐磨粒磨损性。

（2）粘着磨损　是指工件与模具表面相对运动时，由于表面凹凸不平，粘附结点发生剪切断裂，使模具表面的材料转移到工件上或脱落的现象。影响粘着磨损的主要因素有表面压力、材料性质、材料硬度等。可以通过合理选用模具材料、合理选用润滑剂和添加剂、采用表面处理等途径提高耐粘着磨损性。

（3）腐蚀磨损　是指在摩擦过程中，模具表面与周围介质发生化学或电化学反应，再加上机械摩擦作用，引起表层材料脱落的现象。腐蚀磨损常发生在高温或潮湿的环境中，尤其在有酸、碱、盐等特殊条件下最易发生。常见的腐蚀磨损形式有氧化腐蚀磨损及特殊介质腐蚀磨损。影响腐蚀磨损的主要因素有材料性质及工作环境等。可以通过合理选用模具材料、改善工作环境等途径提高耐腐蚀磨损性。

（4）疲劳磨损　是指工件与模具表面相对运动时，在循环应力（机械应力与热应力）的作用下，使模具表层金属材料疲劳脱落的现象。影响疲劳磨损的主要因素有材料性质、材料硬度、表面粗糙度等。可以通过合理选择润滑剂、表面强化处理等途径提高耐疲劳磨损性。

4. 咬合失效

当坯料与模具表面接触时，在高压摩擦下，润滑油膜被破坏，发生咬合。此时，金属坯料“冷焊”在模具型腔表面上，后续加工的工件表面就会被冷焊在型腔表面的金属瘤划出道痕，使工件表面粗糙度值变大，甚至出现沟槽。

在弯曲、拉深、冷镦、冷挤压等成形时，咬合是最常见的一种失效形式。当工件表面出现划痕和拉沟时，模具必须进行研磨与抛光，特别是在拉深成形中出现咬合现象时，模具必须经过修整后才能继续生产。

5. 啃伤失效

当冲头与凹模直接碰撞时，会出现啃伤失效。其表现形式为模具刃口崩裂，使冲件的飞边突然增大。一旦出现啃伤，模具的修磨量剧增到0.2～0.5mm，才能去除损伤部分，恢复锐利的刃口。

（五）几种典型冷作模具的工作条件与失效形式

由于加载形式与被加工材料的性质、规格不同，各种模具的工作条件和失效形式差别很大，下面介绍几种常见的冷作模具的工作条件与失效形式。

1. 冷冲裁模的工作条件与失效形式

冷冲裁模主要用于各种板材的冲切及成形，模具的工作部位是凸、凹模的刃口，刃口工作时受到压力及摩擦力的作用。根据被切板料的厚度，冷冲裁模分为薄板冲裁模（板厚≤1.5mm）和厚板冲裁模（板厚＞1.5mm）两种。在冲裁软质薄板时，冲头的压力并不大；在冲裁中、厚钢板时，尤其是在厚钢板上冲小孔时，冲头所承受的单位压力很大，对模具要求更高。

磨损是冷冲裁模最基本的失效形式，当刃口磨损严重时，会使冲件产生飞边，此时模具就会因磨损超差而不能再用。当冲件厚度大或具有较强的磨粒磨损作用（如硅钢片等）或咬合倾向（如奥氏体钢）时，都会加快磨损失效。

薄板冷冲裁模的主要失效形式是磨损，极少情况是脆断失效。脆断的原因主要是热处理不当或操作失误；厚板冲裁模除了磨损外，还可能发生崩刃、断裂等。

2. 冷拉深模的工作条件与失效形式

冷拉深模主要用于软质板材的冷拉深成形，这一工序的工作应力不大，要求模具的工作面保持较低的粗糙度值，不发生粘着磨损和擦伤。如被拉深的板材较薄、强度较低、塑性较高、模具承受载荷较轻时，属于轻载拉深；如被拉深材料强度较高或板材较厚时，则模具承受载荷较大，属于重载拉深。

在拉深外观要求光滑的各种仪表、电器、汽车及轻工产品的工件时，模具主要是由于咬合而失效。粘附是拉深过程中常出现的问题，是造成模具咬合失效的重要原因。模具表面越硬，越光洁，如在润滑条件较好的条件下拉深，则越不易发生粘附现象。

3. 弯曲模的工作条件与失效形式

弯曲模主要用于各种金属零件的弯曲成形，作用于模具的力不是很大。但对有些由于模具形状过于复杂而造成巨大的应力集中时，则要求具有高的断裂抗力。断裂是弯曲模的主要失效形式。

4. 冷镦模的工作条件与失效形式

冷镦成形工艺主要用于紧固件、滚动轴承、滚子链条、汽车零件等。零件的冷镦成形在冷镦机上进行，冷镦频率为60～120次/min，冲击力为300～2500kN。冷镦凸模承受强烈的冲击力，又由于冷镦材料硬度不均、坯料端面不平、冷镦机精度不够等原因，还可使凸模产生弯曲应力；凸模表面还承受剧烈的冲击性摩擦，可使凸模表面磨损。冷镦凹模的型腔承受冲击性胀力，型腔表面还承受强烈的摩擦和压力。

冷镦模主要的失效方式是开裂、折断，即由韧性不足引起的损伤占有很大比例（90%

以上），极大地影响着模具寿命。

5. 冷挤压模的工作条件与失效形式

冷挤压成形时，凸模受到巨大的压应力，当毛坯端面不平整或凸模和凹模不同心时，凸模必然会受到弯曲应力的作用；此外，脱模时由于毛坯与凸模之间的摩擦，使凸模还受到拉应力的作用。因此，在多种力的叠加作用下，在凸模应力集中处极易发生脆性断裂（折断、劈裂等）。同时，凹模内壁受到变形金属的强烈摩擦，容易导致磨损；此外，凹模还受到切向应力的作用，有胀裂的可能。

冷挤压凸模的失效形式主要有折断、疲劳断裂、塑性变形及磨损；凹模的失效形式主要是胀裂及磨损。

四、任务实施

1. 调整垫片冷冲裁模具的工作条件与失效形式分析

由于调整垫片的厚度为0.2mm，属于薄板冲裁，冲头的压力并不大。模具的工作部位是凸、凹模的刃口，刃口工作时受到压力及摩擦力的作用。

模具的主要失效形式是磨损，极少情况是脆断失效，脆断的原因主要是热处理不当或操作失误。当刃口磨损严重时，会使冲裁件产生飞边，此时模具就会因磨损超差而不能再用。

2. 冰箱门外壳冷拉深模具的工作条件与失效形式分析

冰箱门外壳的厚度为0.6mm，板材较薄，属于轻载拉深。

由于冰箱门外壳要求光滑，模具主要是由于咬合而失效。

3. 带中间凸缘轴零件冷镦模具的工作条件与失效形式

冷镦凸模承受强烈的冲击力，又由于冷镦材料硬度不均、坯料端面不平、冷镦机精度不够等原因，使凸模产生弯曲应力；凸模表面还承受剧烈的冲击性摩擦，可使凸模表面磨损。冷镦凹模的型腔承受冲击性胀力，型腔表面承受强烈的摩擦和压力。

模具主要失效形式是开裂、折断，即由韧性不足引起的损伤导致的失效占90%以上，极大地影响着模具寿命。

4. 气门顶杆冷挤压模具的工作条件与失效形式

气门顶杆在冷挤压成形时，凸模受到巨大的压应力，当毛坯端面不平整、凸模和凹模不同心时，凸模必然会受到弯曲应力的作用；此外，脱模时由于毛坯与凸模之间的摩擦，使凸模还受到拉应力的作用。因此，在多种作用力的叠加作用下，在凸模应力集中处极易发生脆性断裂（折断、劈裂等）。同时，凹模内壁受到变形金属的强烈摩擦，容易导致磨损；此外，凹模还受到切向应力的作用，有胀裂的可能。

冷挤压凸模的失效形式有折断、疲劳断裂、塑性变形及磨损；凹模的失效形式主要是胀裂及磨损。

五、单元练习

（一）理论练习

1. 根据模具的工作条件，模具可分为________、________、________及________等。

2. 模具因损伤积累至一定程度导致模具损坏而无法继续服役的现象称为________。

3. 崩刃、碎裂、折断等早期破坏属于________失效。

4. 模具疲劳失效的根本原因就是________、________。

5. 冷作模具所受的力主要为______力，热作模具受________力外，还有________应力和________应力。

6. 模具失效的主要原因有________、________、________、________等。

7. 模具的寿命是指____，____________。

8. 由于________________和________________，致使模具早期失效约占70%。

（二）实践训练

图1-9所示为汽车脚踏板垫片，零件材料为Q235，料厚为1mm，过渡圆角为0.25mm，大批量生产。

试分析图1-10所示汽车脚踏板垫片冷冲裁模具的工作条件与失效形式。

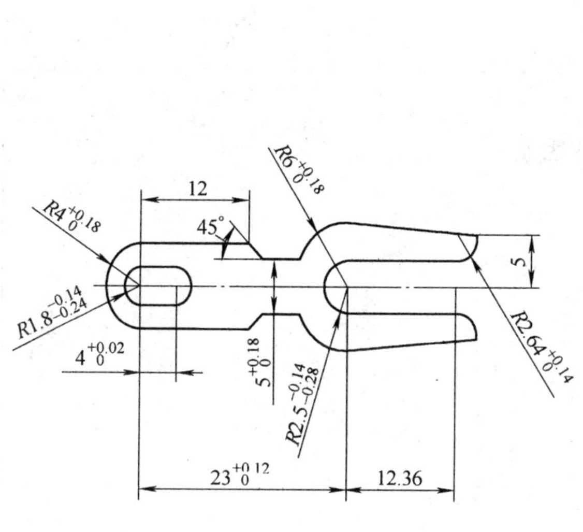

图1-9 汽车脚踏板垫片

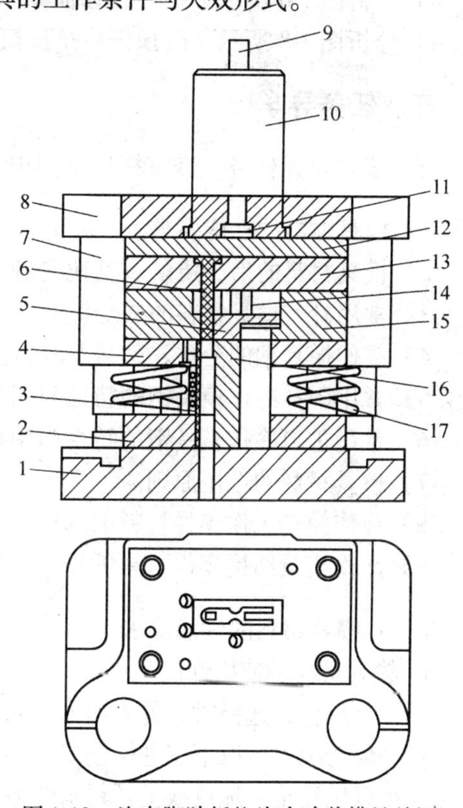

图1-10 汽车脚踏板垫片冷冲裁模具总图

1—下模座 2—凸模固定板 3—凸凹模 4—卸料板 5—推件板 6—凸模 7—导柱导套 8—上模座 9—打杆 10—模柄 11—推板 12—垫板 13—凸模固定板 14—推杆 15—凹模 16—活动挡料销 17—弹簧

单元二 典型冷作模具的性能要求与材料选择

一、单元目标

终极目标：会选择冷作模具材料。

促成目标：

1）了解冷冲裁模具的性能要求并会合理选择模具材料。

2）了解冷拉深模具的性能要求并会合理选择模具材料。

3）了解冷镦模具的性能要求并会合理选择模具材料。

4）了解冷挤压模具的性能要求并会合理选择模具材料。

二、单元任务

1）分析图1-2所示调整垫片冷冲裁模具的性能要求，并会合理选择模具材料。

2）分析图1-4所示冰箱门外壳冷拉深模具的性能要求，并会合理选择模具材料。

3）分析图1-6所示带中间凸缘轴零件冷镦模具的性能要求，并会合理选择模具材料。

4）分析图1-8所示气门顶杆冷挤压模具的性能要求，并会合理选择模具材料。

三、任务导学

要完成本单元任务，需掌握以下知识：

1）模具材料的性能要求。

2）模具材料的冶金质量及其他应考虑的因素。

3）常用冷作模具材料的成分。

4）冷作模具钢的分类、牌号及其特点。

5）常用国产冷作模具钢的特性与用途。

6）常用进口冷作模具钢的特性与用途。

7）模具材料的选用原则。

8）冷作模具工作零件材料的选用。

9）冷作模具结构零件材料的选用。

（一）模具材料的性能要求

1. 模具材料的使用性能

进行模具材料选择时，首先应考虑材料的某些基本性能必须能适应所制造模具的使用需要。在一般情况下，以下三种性能是最主要的，即钢的耐磨性、韧性、硬度和热硬性。这三种性能可以比较全面地反映模具材料的综合性能，可以在一定程度上决定其应用范围。当然，对于一种模具来说，可能其中一种或两种性能是主要的，而另外的一种或两种是次要的。

（1）模具材料的耐磨性　模具在工作时，其表面往往要与工件产生多次强烈的摩擦，模具必须在此情况下仍能保持尺寸精度和表面粗糙度，才不至于早期失效。这就要求模具材料既能承受机械磨损，而且在承受重载和高速摩擦时，模具被摩擦表面能够形成薄而致密附着的氧化膜，以保持润滑作用，这样既能防止模具和被加工工件表面之间产生粘附、焊接而导致工件表面擦伤，又能减少模具表面进一步氧化造成的损伤。为了改善模具材料的耐磨性，就要采取合理的生产工艺和表面处理工艺，使模具材料既具有高的硬度，又使材料中的碳化物等硬化相的组成、形貌分布合理。

（2）模具材料的韧性　对于受强烈冲击载荷的模具，如冷作模具的冲头、锤用热锻模具、冷镦模具、热镦锻模具等，模具材料的韧性是十分重要的考虑因素。对于在高温下工作的模具，还必须考虑其在工作温度下的高温韧性。对于多向受冲击载荷的模具，还必须考虑材料的等向性。模具材料的化学成分、晶粒度、碳化物，以及夹杂物的组成数量、形貌、尺寸和分布情况，金相组织、微观偏析等，都会对材料的韧性带来影响。钢的纯净度、锻轧变形的方向会对横向性能产生很大的影响。模具材料的韧性往往和耐磨性、硬度是互相矛盾的，因此应根据模具的具体工作情况，选择合适的模具材料，并采用合理的精炼、热加工和热处理以及表面处理工艺，使模具材料得到耐磨性和韧性等综合性能的最佳配合，以适应模具的使用要求。

(3) 硬度和热硬性　硬度是模具材料的主要技术性能指标，模具在工作时必须具有高的硬度和强度，才能保持其原来的形状和尺寸。一般冷作模具钢要求其淬回火硬度为60HRC左右，而热作模具钢为45~50HRC，并且要求热作模具材料在其工作温度下仍保持一定的硬度。

热硬性是指模具材料在一定温度下保持其硬度和组织稳定性的能力，对于热作模具材料和部分重载荷冷作模具材料，热硬性是重要的性能指标。

另外，还要根据不同模具的实际工作条件，分别考虑其实际要求的性能。例如，对于热作模具，要考虑其耐冷热疲劳性能；对于压铸模具，应考虑其耐融熔金属的冲蚀性能；对于重载荷型腔模具，应注意其等向性；对于在高温工作的热作模具，应考虑其在工作温度下的抗氧化性能；对于在腐蚀介质中工作的模具，应注意其耐蚀性；对于在重载荷下工作的模具，应考虑其抗压强度、抗拉强度、抗弯强度、疲劳强度及断裂韧度等。

2. 模具材料的工艺性能

在模具总的制造成本中，特别是对于小型精密复杂模具，模具材料费往往只占总成本的10%~20%，有时甚至低于10%；而机械加工、热处理、表面处理、装配、管理等费用要占成本的80%以上。所以，模具材料的工艺性能就成为影响模具成本的一个重要因素。改善模具的工艺性能，不仅可以使模具生产工艺简单，易于制造，而且可以有效地降低模具的制造费用。模具材料的工艺性能主要包括以下几方面。

(1) 可加工性　模具材料的可加工性包括：①冷加工性能，如切削、磨削、抛光、冷挤压、冷拉工艺性等；②热加工性能，包括热塑性和热加工温度范围等。模具钢主要属于过共析钢和莱氏体钢，其冷加工和热加工性能一般都不太好，在生产过程中，必须严格控制热加工和冷加工的工艺参数，以避免产生缺陷和废品；另一方面，还必须通过改善钢的纯净度来减少有害杂质，改善钢的组织状态，并采取一些措施改善钢的工艺性能，降低模具的制造费用。

为了改善模具钢的切削性和磨削性，从20世纪30年代开始，向钢中加入适量的硫、铅、钙、稀土金属等元素或能够促使模具钢中的碳石墨化的元素，发展了各种易切削模具钢。以后发现有些易切削元素加入以后，会在模具钢中产生一些有害的夹杂物（如硫化铁等），使钢的力学性能，特别是横向的塑性、韧性下降，于是又在精炼后期对钢水进行变性处理，通过加入变性剂（如硅钙，稀土元素等），形成富钙硫化物或稀土硫化物，使硫化物球化，抑制了硫对钢的力学性能的不利影响，保留和发挥了其对钢的切削性和磨削性的有利作用，使易切削模具钢得到进一步发展。有些模具材料，如高钒高速钢、高钒高合金模具钢的磨削性很差、磨削比很低，不便于磨削加工，近年来改用粉末冶金生产，可以使钢中的碳化物细小、均匀，完全消除了普通工艺生产的高钒模具钢中的大颗粒碳化物，不但使这类钢的磨削性大为改善，而且改善了钢的塑性、韧性等性能，使之能在模具制造中推广应用。

有些模具要求很低的表面粗糙度值，如要求镜面抛光的塑料模具和一些冷作模具，就要采用抛光性能很好的模具材料。这类钢种往往要采用电渣重熔或真空电弧重熔等工艺进行精炼，得到高纯净度的钢材，以适应镜面抛光的要求。

(2) 皮纹加工性　有些塑料制品要求制造有皮纹、装饰性图案或文字花样的表面，为了生产这些制品，就要求在压制这些制品的模具表面加工出相应清晰的花纹和图案。而加工这些图案、皮纹一般是采用化学蚀刻工艺，这就要求模具材料能适应这种化学蚀刻工艺，即蚀刻以后，能够在模具表面得到图案清晰、纹理清楚的皮纹和图案。

(3) 铸造工艺性能　为了简化生产工艺，国内外近年来致力于发展采用铸造工艺直接生产出接近成品模具形状的铸造毛坯。如我国已经研究采用铸造工艺生产一部分冷作模具、热作模具和玻璃成形模具，相应地发展了一些铸造模具用钢，对这类材料要求具有良好的铸造工艺性能，如流动性、收缩率等。

(4) 焊接性　有些模具要求在工作条件最苛刻的部分堆焊特种耐磨或耐蚀材料，有些模具希望在使用过程中采用堆焊工艺进行修复后重新使用。对这类模具，就要求选用焊接性好的模具材料，以简化焊接工艺，可以避免或简化焊前预热和焊后处理工艺。为了更好地适应焊接工艺的需要，相应地发展了一批焊接性良好的模具材料。

(5) 冷变形性　为了简化工艺，提高模具的制造效率，对批量生产的型腔模具，可采用冷挤压工艺压制型腔，用淬硬的凸模将模具的型腔直接压制出来，这时要求模具材料具有良好的冷变形性能，如塑料模具钢中的低碳低硅钢就具有良好的冷变形性。

(6) 淬火温度和淬火变形　为了便于生产，希望模具材料的淬火温度范围要宽一些，特别是有些模具要求采用火焰加热局部淬火时，难以精确地测量和控制温度，就要求模具钢能适应较宽的淬火温度范围。模具在热处理时，要求其变形程度要小，特别是一些形状复杂的精密模具，淬硬以后难以修整，因此对淬回火的变形程度要求更为严格，这时应该选用微变形模具钢制造。

(7) 淬透性和淬硬性　淬硬性主要取决于钢中的含碳量，淬透性主要取决于钢中合金元素的含量和淬火前的组织状态。对于大部分要求高硬度的冷作模具，对淬硬性要求较高；对于大部分热作模具和塑料模具，硬度的要求不是太高，往往更多地考虑其淬透性，特别是对于一些大截面深型腔模具，为了使模具的心部也能得到良好的组织和均匀的硬度，就要求选用淬透性好的模具钢。另外，对于形状复杂、要求精度高又容易产生热处理变形的模具，为了减少其热处理变形，往往尽可能采用冷却能力弱的淬火冷却介质（如油冷、空冷、加压淬火或盐浴淬火），这时需要采用淬透性较好的模具材料，以得到满意的淬火硬度和淬硬层深度。

(8) 氧化脱碳敏感性　模具在加热过程中，如果产生氧化、脱碳现象，就会改变模具的形状和性能，影响模具的硬度、耐磨性和使用寿命，导致模具早期失效。有些钼含量高的模具钢，由于容易氧化、脱碳，曾经限制了其推广应用，直到热处理工艺装备发展以后，采用特种热处理工艺（如真空热处理、可控气氛热处理、盐浴热处理等）以后，能够避免氧化、脱碳，这类模具钢才顺利得到推广应用。钼基合金虽然具有极为优秀的高温性能，但由于在高温下极易氧化，严重地限制了其应用范围。

（二）模具材料的冶金质量及其他应考虑的因素

冶金质量也对模具材料的性能有很大的影响，只有具有优秀的冶金质量，才能充分发挥模具材料的各种性能。对于生产精密、复杂、长寿命的模具，必须选用冶金质量优秀的适宜的材料。国内外许多冶金生产部门一直致力于模具材料冶金质量的提高，主要表现在以下几个方面。

1. 冶炼质量

对于高质量的模具钢，国内外广泛采用炉外精炼、真空处理、真空冶炼、喷粉处理、电渣重熔等工艺，以降低钢中的有害元素及氧、氢和夹杂物的含量，进行化学成分和浇注温度的微调。通过电渣重熔还能够有效地改善钢的低倍组织和致密度，提高材料的等向性。国内一些生产厂的实验说明：用电弧炉生产的4Cr5MoSiV1钢，其横向冲击韧度值只相当于纵向的31%。而经过电渣重熔以后的4Cr5MoSiV1钢，其横向冲击韧度值可相当于纵向的70%，提高了1倍以上。对于具有特殊要求的模具材料，采用粉末冶金工艺生产的粉末高速钢和粉末高合金模具钢，可以更好地改善钢的组织和性能。

2. 锻造轧制工艺

在保证一定锻造比的基础上，尽可能采用镦粗-拔长锻造和交叉轧制工艺，可以提高模具材料的等向性。为了减少加工余量，提高材料的利用率，广泛采用精锻机、快锻水压机、高精度连轧机生产，以提供高精度的钢材，适应模具制造的需要。

3. 热处理和精加工

锻、轧材的热处理，应采用可控气氛或真空热处理，以避免氧化脱碳。对于某些塑料模具钢和热作模具钢，应进行预硬处理。对于某些要求高的热作模具钢，应预先进行组织细化处理，消除钢中的粗大碳化物和链状分布的碳化物，得到细小、均匀分布的碳化物组织，以进一步改善钢的各种性能，特别是等向性。根据国外的一些报道，有些热作模具钢经过电渣重熔→多向锻造（轧制）→组织细化处理，可生产出高质量高等向性的模具钢，其横向的冲击韧度值可以相当于纵向的90%以上。不少钢厂对用这种工艺生产出来的钢命名了商品牌号，如奥地利伯乐钢厂的ISODISC、日本日立金属公司的ISOTROPY、日本高周波钢业公司的MICROFINE等，我国不少冶金生产部门也在致力于这项工作。另外，从钢材各部位的冶金质量考虑，制造模具时应注意使模具的主要工作面（如型腔或刃部）选择在接近钢材的表面位置。因为在一般情况下，钢材的表面是比较清洁的部位，而钢材的心部是缺陷比较集中的区域，特别是在大截面莱氏体钢材中，中心部位钢的共晶碳化物不均匀度会比表面部位高出2~3级。另外，模具主要承受载荷的方向最好能选择与钢材的变形方向一致，以减少钢材的各向异性对模具的不利影响。

4. 导热性

导热性也是模具材料，特别是有些热作模具材料和塑料模具材料的主要性能指标之一。导热性好的模具材料能把加工中产生的热量和加工工件传来的热量迅速导出，避免模具工作表面产生过热现象，改善模具的工作条件。一些热塑性塑料成型用的模具和一些压铸模具，为了加快生产节奏，希望压制的工件能迅速降温脱模，以提高生产率。为了解决这一问题，有时选用一些比钢铁导热性更好的模具材料，如高强度铜合金、高强度铝合金等。

5. 精料和制品化

为了缩短模具的制造周期，在选购模具材料时，应可能选用精料和制品，如经过剥皮、冷拔或磨削加工的精品钢材，经过粗加工、精加工甚至精加工淬火回火的模块。模具制造部门对这些精料和制品稍微进行加工即可与标准模架装配使用，这样既可以有效地缩短模具制造周期，适应模具使用部门的需要，又因为前一阶段精料和制品的生产是在冶金厂高效率大批量生产的，可以降低生产费用，提高材料的利用率。

6. 其他应考虑的因素

在进行模具材料选择时，根据模具的使用条件和要求，除了必须考虑以上各种因素，特别是材料的主要性能必须与模具的使用条件要求相适应外，还需要考虑选用模具材料的价格和通用性。

一般情况下，当生产的工件批量很大、模具的尺寸较小时，模具材料在模具制造费用中所占的份额很小，材料的价格可不作为主要考虑的指标，可以尽量选择比较高级的适用的模具材料。而对于大型或特大型形状较简单的模具，由于模具材料的费用将在模具总的成本中占较大的份额，所以可根据生产工件的批量选用价格较低的模具材料，或者模具本体选用价格低的材料，而在模具的关键工作部位，如型腔或刃口处，采用镶块或堆焊的方法将高级的模具材料镶上去或堆焊上去，这样既能提高模具的使用寿命，又能降低材料费用。

模具材料的通用性也是选用模具材料时必须考虑的因素。模具材料一般用量不大，品种、规格很多，为了便于在市场上采购和备料，应该考虑材料的通用性。除了特殊要求以外，尽可能采用大量生产的通用型模具材料。由于通用型模具钢技术比较成熟，积累的生产工艺和使用经验较多，性能数据也比较完整，便于在设计和制造过程中参考。另外，选用通用型模具材料便于采购、备料和材料管理工作。

（三）常用冷作模具材料的成分

冷作模具材料主要用于制造对冷状态下的工件进行压制成形的模具，如冷冲裁模具、冷弯曲模具、冷拉深模具、压印模具、冷挤压模具、冷镦模具、螺纹压制模具和粉末压制模具等。

冷作模具一直是应用广泛的一类模具，其产值占模具总产值的1/3左右，采用的材料也很广泛，从各种碳素工具钢、合金工具钢、高速工具钢、硬质合金、钢结硬质合金、粉末高速工具钢和粉末高合金模具钢，直到结构钢、锌合金、增强塑料等。常用冷作模具材料的化学成分见表1-5和表1-6。

表1-5 常用冷作模具钢的化学成分

牌号	化学成分（质量分数，%）							
	C	Si	Mn	Cr	W	Mo	V	其他
碳素工具钢								
T8	0.75～0.84	≤0.35	≤0.40					
T10	0.95～1.04	≤0.35	≤0.40					
油淬冷作模具钢								
9Mn2V	0.85～0.95	≤0.40	1.70～2.20				0.15～0.25	
CrWMn	0.90～1.05	≤0.40	0.80～1.10	0.90～1.20	1.20～1.60			
9CrWMn	0.85～0.95	≤0.40	0.90～1.20	0.50～0.80	0.50～0.80			
9SiCr	0.85～0.95	1.20～1.60	0.30～0.60	0.95～1.25				
Cr2	0.95～1.10	≤0.40	≤0.40	1.30～1.70				
空淬冷作模具钢								
Cr5Mo1V	0.95～1.05	≤0.05	≤1.00	4.75～5.50		0.90～1.40	0.15～0.50	
Cr6WV	1.00～1.15	≤0.40	≤0.40	5.50～7.00	1.10～1.50		0.50～0.70	
8Cr2MnWMoVS	0.75～0.85	≤0.40	1.30～1.70	2.30～2.60	0.70～1.10	0.50～0.80	0.10～0.15	w_P≤0.03% w_S=0.08%～0.15%
Cr4W2MoV	1.12～1.25	0.40～0.70	≤0.40	3.50～4.00	1.90～2.60	0.80～1.20	0.80～1.10	

（续）

牌　号	化学成分（质量分数，%）							
	C	Si	Mn	Cr	W	Mo	V	其他
高韧性高耐磨模具钢								
7Cr7Mo2V2Si	0.70~0.80	0.70~1.20	≤0.40	6.50~7.50		2.00~3.00	1.70~2.20	
火焰淬火模具钢								
7CrSiMnMoV	0.65~0.75	0.85~1.15	0.65~1.05	0.90~1.20	0.30~0.50		0.15~0.30	
高碳高铬冷作模具钢								
Cr12MoV	1.45~1.70	≤0.40	≤0.40	11.00~12.50		0.40~0.60	0.15~0.30	
Cr12	2.00~2.30	≤0.40	≤0.40	11.50~13.00				
Cr12Mo1V1	1.40~1.60	≤0.60	≤0.60	11.00~13.00		0.70~1.20	≤1.10	w_{Co}≤1.00

表 1-6　冷作模具硬质合金和钢结硬质合金的化学成分

牌　号	化学成分（质量分数，%）			
	WC	TiC	TaC（NbC）	Co
硬质合金				
YG6	94			6
YG8N	91		1	8
YG8C	92			8
YG11C	89			11
YG15	85			15
YG20	80			20
YG25	75			25
钢结硬质合金				
GT35		35	钢 65（w_C=0.6%、w_{Cr}=2%、w_{Mo}=2%、Fe 余量）	
TLMW50	50		钢 50（w_C=0.8%~1.2%、w_{Cr}=1.25%、w_{Mo}=1.25%、Fe 余量）	

（四）冷作模具钢的分类、牌号及其特点

冷作模具钢的分类、牌号、特点及其适用范围见表 1-7。

表 1-7　冷作模具钢的分类、牌号、特点及其适用范围

按化学成分分类	按钢的性质分类	牌号	特　点	适 用 范 围
碳素工具钢 低合金工具钢	低淬透性钢	T7、T8、T10、T12 Cr2、9Cr2	加工性能好，在薄壳硬化状态有充分的韧性和疲劳抗力，但淬透性、回火抗力和耐磨性差	适于制作轻载冲裁模，一般成形模和压印模等
（弹簧钢） 低合金工具钢	抗冲击性钢	4CrW2Si、5CrW2Si、60Si2Mn、6CrW2Si、65Mn	为低碳中合金钢，抗冲击疲劳性极好，耐磨性、抗压强度较差	适于制作各种冲剪工具、压模、冷镦模等
低合金工具钢	低变形性钢	9Mn2V、CrWMn、7CrSiMnMoV、9Mn2、6CrNiMnSiMoV	淬透性较好，淬火操作简单，变形易于控制，但韧性、回火抗力及耐磨性仍不足	适于制作中、小批量及形状较复杂的模具
高合金工具钢	微变形性钢	Cr12、Cr12MoV、Cr4W2MoV、Cr12Mo1V1、Cr5Mo1V	淬透性高，中等性回火抗力，耐磨性好，淬火变形小，但变形抗力和冲击抗力较小	适于制作成批大量生产的冲模、中等载荷的冷挤压模、冷镦模等
（基体钢） 高合金工具钢	高强韧钢	6W6Mo5Cr4V、6Cr4W3Mo2VNb、5Cr4Mo3SiMnVA1	属于高碳高合金钢，兼有高强度和高韧性，综合性能优良	适于制作各类重载冷作模具用钢
高速钢	高强度钢	W18Cr4V、W6Mo5Cr4V2	具有高的抗压强度、回火抗力和耐磨性，韧性较差	适于制作重载长寿命拉深模、冷挤压模

（五）常用国产冷作模具钢的特性与用途

常用国产冷作模具钢的特性与用途见表 1-8。

表 1-8 冷作模具钢的特性与用途

牌号	特性	用途
T7A	淬火回火后有较好的韧性和硬度，锋利性较好，淬透性低，切削性能稍差，使用温度低于 250℃	适于制作有较大韧性和一定耐磨性的工具，如冲头、凹模套、轻载冲裁模和受力不大、形状简单的成形模及受冲击不大的工具
T8A	热处理以后有较高的硬度和耐磨性，塑性和强度较低，热处理过热敏感性及变形倾向大	适于制作冲模、轻载拉深模、冷镦模的切料刀、非铁金属的压印模及一般工具
T10A	淬火过热倾向较小，强度和耐磨性均较 T8A 高	适于制作具有一定韧性且刃口锋利的工具和冷冲裁模，及一般要求的弯曲模、拉深模、成形模，冷镦模冲头、切料模及平面精压模
T12A	含碳量高，淬火后有较多的过剩碳化物，硬度和耐磨性较高，韧性低，淬透性差，淬火变形倾向大，锋利性好	适于制作不受冲击载荷、切削速度不高、需要较高硬度的各种工具和轻载冲模、冷镦切料模、压印模等
65Mn	钢中加入一定量的锰元素，弹性较好，性能优于 T7A，油淬可淬透 ϕ2mm，价格低廉，工艺性能好，但有过热敏感性和回火脆性，属于弹簧钢	可用于制作冷镦模的顶料杆等模具零件
60Si2Mn	有较高的强度和弹性极限，工作温度低于 2300℃	用于制作各种机器中的弹簧板、减振器中的弹簧和冷镦模的初镦冲头、整形冲头等及耐冲击载荷的模具
4CrW2Si	在铬硅钢的基础上加入一定量的钨，因而淬火后晶粒较细，回火后韧性好，淬透性和强度较高	适于制作高冲击载荷下操作的工、模具，如冲裁复合切边模、冷精压模、小型冷挤压模、冷镦模和部分小型热作模具
5CrW2Si	较 4CrW2Si 有较高的淬透性和高温力学性能	用于制作冷剪金属的刀片、铲搓丝板的铲刀、冷冲裁和切边的凹模等
6CrW2Si	淬火晶粒较细，回火态下能获得较高的韧性，比 4CrW2Si、5CrW2Si 具有更高的淬火硬度和一定的高温强度	适于制作承受冲击载荷而又要求耐磨性高的工具、冲击模具、冷剪机刀片、冲裁切边用凹模、空气锤用工具等
9Mn2V	比碳素工具钢有更好的综合力学性能，有一定的耐磨性和较好的淬透性，淬火变形倾向较小，过热敏感性较小，碳化物较均匀	适于制作各种精密量具、样板和一般要求的小尺寸冲模、冷压模、雕刻模、落料模等
Cr2	为高碳低铬钢，有一定的淬透性，尺寸稳定性好，韧性较好	适于制作切削刀具，如车刀、插刀、铰刀、凸轮销、量具样板、偏心轮、冷轧辊，也可用作形状复杂的冷作模具
Cr12	属于高碳、高铬型莱氏体钢，具有较好的淬透性和良好的耐磨性。由于含碳量（质量分数）高达 2.3%，所以冲击韧性差、易脆裂，且易形成不均匀共晶碳化物	多用于制作受冲击负荷小的要求耐磨性高的冲模、冲头、冷剪切模、拉丝模、压印模、搓丝板、拉深模、螺纹滚模等模具

（续）

牌　号	特　性	用　途
Cr12MoV	与 Cr12 同属一类莱氏体钢，具有较好的淬透性和良好的耐磨性，淬火变形倾向小，比 Cr12 含碳量低，且加入少量钼、钒，在性能相当的情况下，有较好的热加工性、较高的冲击韧度和较均匀的碳化物分布	适用于制作冷剪切刃具、切边模、滚边模、量规、拉丝模、搓丝板、冲模、冲头等冷作模具
9SiCr	淬硬性高，组织均匀，价廉易得，但韧性稍低	适于制作冷镦模的切边冲头、顶料杆，以及小型冷挤压凸模
5CrNiMo	强韧性好，缺口热敏感性低，淬透性高	适于制作重载下的切料刀、复杂型精压模、冷镦凹套、冷挤压模套等
5CrMnMo	韧性较 5CrNiMo 差，低温回火状态强韧性高，在某些场合可代替 5CrNiMo	适于制作冷镦凸模和重载冲头，经中温氮碳共渗淬火可大幅度提高寿命
CrWMn	属于多元素、低合金冷作工具钢，应用比较广，耐磨性好，淬火变形倾向较小，抗压强度高，易形成网状碳化物，大、中截面钢材碳化物偏析严重	适于制作轻载挤压模、冲模和冷镦模等
9Cr2	属于低合金工具钢，综合力学性能较碳素工具钢好，有一定的淬透性，淬火变形倾向较小，碳化物不均匀性较 CrWMn 好	适于制作精密量具、样板以及一般要求的小尺寸冲模、冷压模、雕刻模、落料模等
Cr5Mo1V	由于钼和钒含量的增加，细化了晶粒，增加了钢的韧性和淬透性	适于制作截面较大、形状复杂、工作条件繁重的冲模和用于重载荷、高精度的冷作模具
YG8C	耐磨性良好，使用强度和冲击韧度较高	适于制作载荷较大、有一定应力条件下的钢铁材料的螺钉、螺栓、铆钉等的顶锻模
YG15	耐磨性较低，使用强度和冲击韧度较高	适于制作在应力很大的情况下拉深钢棒、钢管以及合金钢螺栓和铆钉的顶锻模及其他工具
YG20C	使用强度比 YG20 高，耐磨性好	适于制作铆钉和螺钉的顶锻模及其他挤压模、冲模等
W9Mo3Cr4V	性能介于 W18Cr4V 和 W6Mo5Cr4V2 之间，为我国研制的新钢种，碳化物均匀度较好，脱碳敏感性低，具有较高的硬度和韧性	可代替 W18Cr4V、W6Mo5Cr4V2 作切削刃具和挤压模具、冲头
Cr12Mo1V1	引进美国的 D2 钢成分，性能与 Cr12MoV 相似	适于冲孔凹模、切边模、滚边模、拉丝模、螺纹搓丝板、量规等
6Cr4W3Mo2VNb（65Nb）	属于基体钢，具有高速钢的硬度和强度，但无过剩碳化物，韧性和疲劳强度优于高速钢，由于铌的加入起到细化晶粒、改善工艺性能和提高韧性的作用，寿命超过 Cr12MoV、60Si2Mn 及高速钢，并可通过渗氮提高耐磨性	适于制作比压小于 2500MPa 的重载冷冲模、冷挤模、冷镦模

（续）

牌号	特性	用途
5Cr4Mo3SiMnVA1	属于冷热兼用的新型模具钢，作为冷作模具钢，它比碳素工具钢、低合金工具钢和Cr12型钢有较高的韧性和耐磨性；作为热作模具钢，它比3Cr2W8V有较高的高温强度和较优良的热疲劳性能	适于制作重载挤压模、冷镦模等
5Cr4W5Mo2V	冷热兼用的基体钢类型，有较高的强度和耐磨性，韧性和热疲劳性能较低，有较高的热硬性和高温强度	适于制作重载冷挤压模、冲头和热挤压冲头、精锻模等
7CrSiMnMoV	是一种火焰淬火冷作模具钢，淬火温度范围宽，过热敏感性小，淬透性好，淬火变形小，强韧性匹配好	适于制作大型覆盖件冲模，采用火焰淬火；也可用于制作小型冲模、冷镦模；采用整体淬火
6CrNiMnSiMoV	比7CrSiMnMoV的碳含量稍有降低，同时增加了镍、硅，优化了合金元素配比，采用多元少量的合金化方案，可整体或火焰淬火，强度优于CrWMn，韧性优于7CrSiMnMoV，耐磨性接近Cr12MoV，有较高的断裂韧度	适于制作冲模、冷剪切模、挤压模、冷镦模等
8Cr2MnWMoVS	是一种易切削精密模具钢，具有淬透性高、热处理变形小、切削加工性能优良、强韧性好等优点。由于硫化物夹杂沿纵向分布，因此横向性能较差，耐蚀性差，可在预硬态（42～48HRC）加工使用，也可在高硬度下（58～60HRC）使用	可用于制作塑料模、胶木模、陶土模、精密冲模、高硬度高强度冲模等
7Cr7Mo2V2Si	是近年来研制成功的冷作模具钢，比高速钢有更高的韧性和疲劳强度，耐磨性好	适于制作比压强度较高的冷挤压模、冷镦模及螺钉冲头等
W18Cr4V	抗压性、耐磨性较高，热硬性好，韧性较低，碳化物不均匀性较重	适于制作小截面重载冲孔冲头、冷挤压模、冷镦凸模等
6W6Mo5Cr4V	为降碳、降钒型钨、钼高速钢，有优良的强韧性、耐热性、可加工性、冷压加工性	适于制作早期断裂失效的重载冷挤压模、冷镦模，经化学热处理后可进一步提高耐磨性
W6Mo5Cr4V2	属于钨、钼系高速钢，韧性、热塑性、耐磨性均优于W18Cr4V	可制作大型、热塑成形刀具及高负荷下的耐磨零件，如高强度材料的压印模、重载冷挤压模、冷镦冲头精密冲裁模、弯曲模、拉深模等

（六）常用进口冷作模具钢的特性与用途

国内常用的进口冷作模具钢主要来自于日本日立、日本大同、瑞典一胜百、奥地利百禄、日本高周波、美国芬可乐、德国布德鲁斯、韩国昌原。下面详细介绍国内常用的几种进口冷作模具钢。

1. SKD11

SKD11由日本日立公司生产，它有良好的淬火性，并且淬火变形量小，是一种高耐磨高铬通用冷作模具钢。其优点如下：

1）进行了真空脱气精炼，因此内部质量极为清洁。

2）机械加工性能良好。

3）淬透性良好，空冷就能硬化，无淬裂危险。

4）热处理变形非常小，淬火偏差极小，最适合有精度要求的模具。

5）耐磨性极为优秀，最适合用作不锈钢或高硬材料的冲裁模。

6）韧性良好。

SKD11 主要用于厚度不大于 6mm 薄板材的高效落料模、冲裁模及压印模，各种剪刀、镶嵌刀片、木工刀片、螺纹轧制模和耐磨滑块、冷镦模具、热固性树脂成型模、高级量规等深拉成形及冷挤压模具。

2. SKH51

SKH51 由日本日立公司生产，具有高的热硬度、高耐磨性、良好的切削性、高冲击韧性，晶粒细而均匀。

SKH51 主要用于制造需强力切割的各种耐磨、耐冲击工具，高级冲模，螺丝模，要求韧性且形状复杂的各种工具，铣刀，钻头等。

3. SLD8

SLD8 是 SLD（日标 SKD11）的改良版。因钒元素添加量的变更，其加工性能显著提高，韧性比 SLD 好 50% 以上，耐回火软化性也很好，以 530℃ 回火仍可得到 62～63HRC 的硬度。利用这一特性，能够有效抑制时效变形及线切割时的破裂及变形。它是一种耐磨性很好的通用冷作模具钢。

SLD8 主要用作精密五金成形模具及精密零件等要求韧性与耐磨性均高的模具。

4. XW—42

XW—42 由瑞典一胜百 ASSAB 公司生产，是一种含钼、钒的高碳、高铬合金工具钢。具有高耐磨性、高抗压强度、淬火后高的表面硬度、优良的整体淬透性、淬硬后优良的稳定性、优良的耐回火软化性。

XW 42 常被推荐用作需要很好耐磨性和适当抗冲击的模具，如精密五金模具、半导体模具、精密零部件模具等。

5. XW—10

XW—10 由瑞典一胜百 ASSAB 公司生产，具有较高的淬透性、极佳的韧性、高耐磨性，热处理变形小，可用于制作冷成形模、耐磨塑料模具等。

6. DC53

DC53 由日本大同公司生产，是在 SKD11 基础上改良的牌号，热处理后硬度高于 SKD11，高温（520～530℃）回火后可达 62～63HRC 的高硬度，在强度方面超过 SKD11，韧性是 SKD11 的两倍。DC53 的韧性在冷作模具钢中较为突出，用 DC53 制造的模具很少出现裂纹和崩裂，大大提高了使用寿命。其线切割加工后的残余应力经高温回火能够减小，因此，大型模具和要求精密的模具在线切割加工后的裂纹和变形得到抑制。DC53 的切削性能优于 SKD11，因此，使用 DC53 可增加模具寿命和减少加工工序。

DC53 一般用于冲裁模具、冷作成形模具、冷拉模具、成形轧辊、冲头、线切割加工的精密冲裁模具及各种用途的重压模、难加工材料的塑性变形用具。

7. K110

K110 由奥地利百禄公司生产，此钢为高碳、高铬（$w_{Cr}=12\%$）微变形钢，特别适合于空冷淬火，韧性足够。K110 适宜制作各种高效率切削工具、各种下料模、滚丝模、拉丝模、深拉模和冷压模具等。

8. K460

K460 由奥地利百禄公司生产，此钢的淬透性和耐磨性良好，表面硬度高，热处理后具有不易变形的特点。K460 适宜制作冷压加工、薄冲裁模、冲头及剪切片模，也适宜制作精密模具、精密仪器、精密测量工具、铰刀、铣刀、滚筒、冷作拉线模、样板、样模、冲孔器、冷作切器、剪刀、木工用具、螺丝模、各种冲模等。

9. KRCX

KRCX 由日本高周波公司生产。此种模具钢在切削性、淬火性、韧性上都有惊人的提高，是一种可以用火焰淬火进行整体热处理的冷作工具钢。它具有以下特性：

（1）优越的切削性　体现出冷作工具钢顶级的切削性，淬火回火后的切削性也很好，所以修正加工容易。

（2）优越的淬火性　淬火温度范围在 850～1030℃之间，范围广，能与 SKD11，SKS3 在同等条件下进行淬火。在 1030℃空冷的淬火条件下能得到 60HRC 的硬度。

（3）优越的韧性　韧性好，能减少豁口和开裂现象。

KRCX 是最为通用的冷作工具钢，广泛用作模具、零部件、工装夹具等方面。

10. A2

A2 由美国芬可乐公司生产。此种模具钢属于空冷淬透性铬钢，韧性极佳，耐磨损性高，热处理变形小，一般用于制造拉深模、卷边模、压花模、磨损性塑料成型模。

（七）模具材料的选用原则

模具材料的选用有以下三个原则：

1. 满足工作条件要求

（1）耐磨性　坯料在模具型腔中发生塑性变形时，沿型腔表面既流动又滑动，使型腔表面与坯料间产生剧烈的摩擦，从而导致模具因磨损而失效。所以，材料的耐磨性是模具最基本、最重要的性能之一。

硬度是影响耐磨性的主要因素，一般情况下，模具零件的硬度越高，磨损量越小，耐磨性越好。另外，耐磨性还与材料中碳化物的种类、数量、形态、大小及分布有关。

（2）强韧性　模具的工作条件大多十分恶劣，有些常承受较大的冲击载荷，从而导致脆性断裂。为了防止模具零件在工作时突然脆断，要求模具具有较高的强度和韧性。

模具的韧性主要取决于材料的含碳量、晶粒度及组织状态。

（3）疲劳断裂性能　模具在工作过程中，由于循环应力的长期作用，往往导致疲劳断裂。其形式有小能量多次冲击疲劳断裂、拉伸疲劳断裂、接触疲劳断裂及弯曲疲劳断裂。

模具的疲劳断裂性能主要取决于材料的强度、韧性、硬度，以及材料中夹杂物的含量。

（4）高温性能　当模具的工作温度较高时，会使硬度和强度下降，导致模具早期磨损或产生塑性变形而失效。因此，模具材料应具有较高的耐回火性，以保证模具在工作温度下具有较高的硬度和强度。

（5）耐冷热疲劳性能　有些模具在工作过程中处于反复加热和冷却的状态，使型腔表面受拉、压变应力的作用，引起表面龟裂和剥落，增大了摩擦力，阻碍了塑性变形，降低了尺寸精度，从而导致模具失效。冷热疲劳是热作模具失效的主要形式之一，这类模具应具有较高的耐冷热疲劳性能。

（6）耐蚀性　有些模具，如塑料模，在工作时，由于塑料中存在氯、氟等元素，受热后分解析出 HCl、HF 等强腐蚀性气体，侵蚀模具型腔表面，使其表面粗糙度值增高，加剧了磨损失效。

2. 满足工艺性能要求

模具的制造一般都要经过锻造、切削加工、热处理等几道工序。为了保证模具的制造质量，降低生产成本，模具材料应具有良好的可锻性、切削加工性、淬硬性、淬透性及可磨削性；还应具有小的氧化、脱碳敏感性和淬火变形开裂倾向。

（1）可锻性　具有较低的热锻变形抗力，塑性好，锻造温度范围宽，锻裂、冷裂及析出网状碳化物倾向低。

（2）退火工艺性　球化退火温度范围宽，退火硬度低且波动范围小，球化率高。

（3）切削加工性　切削用量大，刀具损耗低，加工表面粗糙度值低。

（4）氧化、脱碳敏感性　高温加热时抗氧化性能好，脱碳速度慢，对加热介质不敏感，产生麻点倾向小。

（5）淬硬性　淬火后具有均匀而高的表面硬度。

（6）淬透性　淬火后能获得较深的淬硬层，采用缓和的淬火冷却介质就能淬硬。

（7）淬火变形开裂倾向　常规淬火体积变化小，形状翘曲及畸变轻微，异常变形倾向低。常规淬火开裂敏感性低，对淬火温度及工件形状不敏感。

（8）可磨削性　砂轮相对损耗小，无烧伤极限磨削用量大，对砂轮质量及冷却条件不敏感，不易发生磨伤及磨削裂纹。

3. 满足经济性要求

在进行模具选材时，必须考虑经济性这一原则，尽可能降低制造成本。因此，在满足使用性能的前提下，应首先选用价格较低的材料，能用碳钢就不用合金钢，能用国产材料就不用进口材料。

另外，在选材时还应考虑市场的生产和供应情况，所选钢种应尽量少而集中，易购买。

（八）冷作模具工作零件材料的选用

一般冷作模具的工作零件材料见表 1-9，特种冷作模具的工作零件材料见表 1-10。

表 1-9　一般冷作模具的工作零件材料

模具类别	工作条件	选用材料
一般冲裁模	轻载	T10A、9SiCr、CrWMn、9Mn2、Cr12
	重载	Cr12MoV、Cr12Mo1V1、Cr4W2MoV、5CrW2Si、7CrSiMnMoV、6CrNiMnSiMoV
其他冲裁模	精冲	Cr12、Cr12MoV、W6Mo5Cr4V2、8Cr2MnWMoVS、W18Cr4V
	易断凸模	W6Mo5Cr4V2、6Cr4W3Mo2VNb（65Nb）、6W6Mo5Cr4V、7Cr7Mo2V2Si(LD)
	高寿命、高精度模	Cr12Mo1V1、8Cr2MnWMoVS(或硬质合金类)

（续）

模具类别	工作条件	选用材料
弯曲模	一般模	T8A、T10A、45、9Mn2V、Cr2、6CrNiMnSiMoV
	复杂模	CrWMn、Cr12、Cr12MoV
拉深模	一般模	T8A、T10A、9CrWMn、Cr12、7CrSiMnMoV
	重载高寿模	Cr12MoV、Cr4W2MoV、W18Cr4V、Cr12Mo1V1、W6Mo5Cr4V2（或硬质合金类）
平面精压模	非铁金属、钢件	T10A、Cr12MoV
钢管、圆钢冷拔模	强烈磨损，咬合及张应力作用，特殊形状规格	T10、Cr2、45、石墨钢、Cr12、Cr12MoV

表 1-10　特种冷作模具的工作零件材料

模具类别	模具名称	使用条件	推荐使用牌号	代用牌号
冷精压模	刻印精压模	钢件	6W6Mo5Cr4V	Cr12MoV
		不锈钢，高强度材料	6Cr4W3Mo2VNb(65Nb)	5CrW2Si
	立体精压模	浅型腔 复杂型腔	Cr2	GCr15
			Cr6WV	9Cr2
			5CrNiMo	5CrW2Si
			9SiCr	5CrMnMo
	轻载冷挤压模	铝合金(比压≤1470MPa)	Cr2(小型)	MnCrWV
			Cr6WV(中型)	Cr12MoV
	重载冷挤压模	钢件(比压 1500 ~ 2000MPa 或 2000 ~ 2500MPa)	凸模 6W6Mo5Cr4V	W6Mo5Cr4V2
			凹模 Cr12MoV	65Nb CrWMn
			凸模 W6Mo5Cr4V2	W18Cr4V
	模具型腔冷挤压凸模	一般中、小型复杂件，复杂精密件成批压制用高比压(>2500MPa)	9SiCr	Cr2、T10A
			5CrW2Si	
			Cr12MoV	Cr6WV
			W6Mo5Cr4V2	W18Cr4V、Cr12
粉末冷压模	冲头	非铁金属	Cr6WV、Cr5Mo1V、6W6Mo5Cr4V	
		无衬套	W6Mo5Cr4V2、W18Cr4V、6W6Mo5Cr4V	
	凹模		Cr12、Cr12MoV、W6Mo5Cr4V2、Cr4W2MoV、6W6Mo5Cr4V	
冷滚压模	搓丝板	一般	9SiCr、Cr12MoV	
	滚丝模及滚齿纹模	一般轻载螺距>3mm，中载梯形螺纹，齿纹	9SiCr、Cr12MoV	
	成形滚压模	型材校压辊	9Cr2、Cr2	

（续）

模具类别	模具名称	使用条件	推荐使用牌号	代用牌号
冷镦模	切料刀	低碳钢	T10A、GCr15	
		中碳钢，合金结构钢	Cr12、Cr12MoV、W18Cr4V	
	切料模	低碳钢	T10A、GCr15	
		中碳钢，合金结构钢	Cr12、Cr12MoV、W18Cr4V	
	初镦冲头	低碳钢	T10A	
		中碳钢，合金结构钢	T10A、GCr15	
	切边凹模	低碳钢	T10A	
		中碳钢，合金结构钢	Cr12MoV、7Cr7Mo2V2Si（LD）	
	冲孔冲头	低碳钢，中碳钢，合金结构钢	W18Cr4V	
	冲孔凹模	低碳钢，中碳钢，合金结构钢	W18Cr4V	
	顶料杆	直径≤ϕ12mm 的低碳钢，中碳钢，合金结构钢	65Mn	
		直径＞ϕ12mm 的低碳钢，中碳钢，合金结构钢	9SiCr	
	缩径横芯 缩径横套	低碳钢 中碳钢，合金结构钢	YG20C 5CrNiMo	
	初镦凹模	低碳钢	T10A	
		中碳钢，合金结构钢	Cr12MoV、65Nb、YG20、LD	
	初镦凹模套	低碳钢，中碳钢，合金结构钢	5CrNiMo、40Cr、T10A	
	终镦冲头	低碳钢	T10A、60Si2Mn、7CrSiMnMoV	
		中碳钢，合金结构钢	65Nb、LD、W18Cr4V、W6Mo5Cr4V2	
	终镦凹模	低碳钢	T10A	
		中碳钢，合金结构钢	Cr12MoV、65Nb、LD、7CrSiMnMoV	
	终镦凹模套	低碳钢，中碳钢，合金结构钢	5CrNiMo	
	整形冲头	低碳钢，中碳钢，合金结构钢	T10A、60Si2Mn	
	整形凹模	低碳钢，中碳钢，合金结构钢	T10A、Cr12MoV	
	整形凹模套	低碳钢，中碳钢，合金结构钢	5CrNiMo	
	切边冲头	低碳钢	9SiCr、Cr12MoV	
		中碳钢，合金结构钢	LD、65Nb	

（九）冷作模具结构零件材料的选用

冷作模具结构零件材料的选用见表 1-11。

表 1-11　冷作模具结构零件材料

零件名称	材　料	零件名称	材　料
上、下模板	HT210、HT220、ZG30、ZG40、Q235	导正销、定位销	T7、T8
模柄	Q235、Q275	垫板	45 钢
导柱、导套	20 钢	定位板	T8A
凸、凹模固定板	Q235、Q275	螺钉	45 钢
托料板	Q235	圆柱销	45 钢
卸料板	Q235、Q275	推杆	45 钢
导料板	45 钢	推板	45 钢
挡料销	45 钢	楔块、滑块	T8A、T10A
	T7A	顶板	45 钢
压边圈	T8A	弹簧	65Mn、60Si2Mn
侧刃、侧刃挡板	T8A		

四、任务实施

1. 调整垫片冷冲裁模具的性能要求与材料选择

（1）调整垫片冷冲裁模具的性能要求　通过对调整垫片冷冲裁模具工作条件及失效形式的分析，其模具用钢要求具有高的耐磨性。

（2）调整垫片冷冲裁模具的材料选择　根据调整垫片冷冲裁模具性能要求，模具材料选择见表 1-12。

表 1-12　调整垫片冷冲裁模具材料选择

零件号	零件名称	零件材料	零件号	零件名称	零件材料
1	缓冲器(1)	橡胶	13	缓冲器(2)	橡胶
2	定位销	T8	14	钢球	45 钢
3	退料器	45 钢	15	凹模	GCr15
4	导套压板	T8A	16	卸料板	Q275
5	上模板	HT200	17	螺杆	45 钢
6	锥面压圈	T8A	18	凸凹模固定板	Q275
7	球面模柄	Q275	19	下模垫板	Q275
8	球面垫块	Q275	20	凸凹模	GCr15
9	凸模	GCr15	21	下模板	HT200
10	上模垫板	45 钢	22	导柱	20 钢
11	凸模固定板	Q275	23	弹簧	65Mn
12	导套	20 钢			

2. 冰箱门外壳冷拉深模具的性能要求与材料选择

(1) 冰箱门外壳冷拉深模具的性能要求　通过对冰箱门外壳冷拉深模具工作条件及失效形式的分析，其模具用钢应有高的强度和耐磨性。为了防止在工作时发生粘附和划伤，还要求具有一定的韧性及较好的切削加工性能，并要求热处理时模具变形要小。

(2) 冰箱门外壳冷拉深模具的材料选择　根据冰箱门外壳冷拉深模具性能要求，模具材料选择见表1-13。

表1-13　冰箱门外壳冷拉深模具材料选择

零件号	零件名称	零件材料	零件号	零件名称	零件材料
1	成形凹模	Cr12MoV	13	弹簧	65Mn
2	侧面挡块	T8A	14	导轨	T8A
3	导柱	20钢	15	侧向止动块	T8A
4	下模座	HT250	16	斜滑块	T8A
5	定位钉	T8A	17	卸料螺钉	45钢
6	卸料螺钉	45钢	18	斜楔	T8A
7	压料块	T8A	19	上模座	HT250
8	压料板	T8A	20	压料板	T8A
9	凸模	Cr12MoV	21	卸料螺钉	45钢
10	凸模固定板	Q275	22	导柱	20钢
11	限位块	T8A	23	导套	20钢
12	拉杆	45钢	24	导套	20钢

3. 带中间凸缘轴零件冷镦模具的性能要求与材料选择

(1) 带中间凸缘轴零件冷镦模具的性能要求　通过对带中间凸缘轴零件冷镦模具工作条件及失效形式的分析，冷镦模具除了应具备高硬度、高强度和高的耐磨性外，还需有高的冲击韧度，以增强模具在冲击载荷作用下的断裂抗力和疲劳抗力。

(2) 带中间凸缘轴零件冷镦模具的材料选择　根据带中间凸缘轴零件冷镦模具性能要求，模具材料选择见表1-14。

表1-14　带中间凸缘轴零件冷镦模具材料选择

零件号	零件名称	零件材料	零件号	零件名称	零件材料
1	上模座	HT250	11	下拉钩	T8A
2	上模芯	5CrNiMo	12	压缩弹簧	65Mn
3	铰链座	T8A	13	连接板	45钢
4	挡板	T8A	14	下模座	HT250
5	销轴	T8A	15	固定板	Q275
6	下凹模	5CrNiMo	16	上拉钩	T8A
7	下凹模固定板	45钢	17	限位块	T8A
8	立柱	T8A	18	上凹模	5CrNiMo
9	压缩弹簧	65Mn	19	固定板	Q275
10	下模芯	5CrNiMo			

4. 气门顶杆冷挤压模具的性能要求与材料选择

（1）气门顶杆冷挤压模具的性能要求　通过对气门顶杆冷挤压模具工作条件及失效形式的分析，制作冷挤压模具的材料必须具有高的强韧性及良好的耐磨性。一般要求硬度61～63HRC，硬度过高则模具容易碎裂、崩块；硬度不够则模具容易磨损，也可能发生压塌及变形。

（2）气门顶杆冷挤压模具的材料选择　根据气门顶杆冷挤压模具性能要求，模具材料选择见表1-15。

表1-15　气门顶杆冷挤压模具材料选择

零件号	零件名称	零件材料	零件号	零件名称	零件材料
1	拉杆	45钢	13	压圈	T8A
2	垫块	45钢	14	凹模外套	45钢
3	凹模中套	45钢	15	顶杆	45钢
4	凹模内套	45钢	16	定位环	T8A
5	卸料圈	45钢	17	顶板	45钢
6	上模座	HT200	18	拉簧	65Mn
7	定位圈	T8A	19	活动板	45钢
8	压环	T8A	20	压力垫板	45钢
9	压力垫板	45钢	21	小顶杆	45钢
10	紧固圈	T8A	22	斜块	T8A
11	凸模	CrWMn	23	下模座	HT200
12	卸料板	45钢			

五、单元练习

（一）理论练习

1. 模具材料的性能要求有________、________、________等。
2. 对于受强烈冲击载荷的模具，模具材料的________是十分重要的考虑因素。
3. ________是模具材料的主要技术性能指标。
4. 一般冷作模具钢，要求其淬回火硬度为________左右，而热作模具钢为________左右。
5. 热硬性是指模具材料在一定温度下保持____________的能力。
6. ________主要取决于钢的碳含量，________主要取决于钢的化学成分。
7. Cr12MoV一般用于制作________、________、________等冷作模具。
8. 常用的进口冷作模具钢有________、________、________、________等。

（二）实践训练

分析图1-10所示汽车脚踏板垫片冷冲裁模具的性能要求，并选择合适材料，完成表1-16。

表1-16　汽车脚踏板垫片冷冲裁模具材料选择

零件号	零件名称	零件材料	零件号	零件名称	零件材料
1	下模座		10	模柄	
2	凸模固定板		11	推板	
3	凸凹模		12	垫板	
4	卸料板		13	凸模固定板	
5	推件板		14	推杆	
6	凸模		15	凹模	
7	导柱导套		16	活动挡料销	
8	上模座		17	弹簧	
9	打杆				

单元三　典型冷作模具的热处理

一、单元目标

终极目标：会合理安排冷作模具的热处理工艺。

促成目标：

1）了解冷作模具零件的硬度要求。

2）会合理安排冷作模具工作零件的热处理工艺。

二、单元任务

1）写出调整垫片冷冲裁模具各零件的硬度要求，并合理安排其凸凹模的热处理工艺。

2）写出冰箱门外壳冷拉深模具各零件的硬度要求，并合理安排拉深凸模的热处理工艺。

3）写出带中间凸缘轴零件冷镦模具各零件的硬度要求，并合理安排冷镦凸模的热处理工艺。

4）写出气门顶杆冷挤压模具各零件的硬度要求，并合理安排冷挤压凸模、凹模的热处理工艺。

三、任务导学

要完成本单元任务，需掌握以下知识：

1）模具钢的一般热处理方法。
2）冷作模具钢的热处理工艺。
3）常用冷作模具钢的退火状态硬度、淬火温度及硬度。
4）冷作模具工作零件的工作硬度。
5）冷作模具结构零件的工作硬度。

金属材料与热处理的关系非常密切，热处理是模具制造过程中不可缺少的加工工艺之一，它对模具的质量和成本有很大影响，模具材料生产者、模具设计者和制造者以及模具使用者都十分重视模具的热处理。通常所说的模具热处理包括两部分，即模具材料的热处理和模具零件（准确地说应为工件）的热处理。对于模具材料，以钢材为例，材料的加工是在钢厂完成的，钢材作为产品供应到市场时，必须保证钢材的质量，如基本力学性能、金相组织等，都要符合国家或行业标准规定的要求，或者满足用户订货时与钢厂签订合同规定的要求。钢材生产的特点是在大型工业炉中大批量生产，对象是轧材、锻件、模块等。模具零件热处理是在模具制造厂或热处理专业厂完成的，其特点是小批量或单件生产，工艺多样复杂，设备精良，相对而言是精工细作。模具零件热处理工艺涉及零件的形状结构、尺寸大小和质量、精度，以及热处理技术要求等许多因素，内容十分丰富，工艺千变万化。严格地讲，模具钢热处理和模具零件热处理是两个不同内涵的概念。通常情况下都叫模具热处理，非必要时不作严格区别。

模具钢在钢厂的热处理主要是退火和正火，还有以预硬钢状态供应的预硬化型模具钢的强韧化处理（淬火和回火）、微合金非调质钢的形变热处理（控轧控冷）及其他特殊要求热处理。模具钢也有以热轧状态供应的，如我国的非合金塑料模具钢 SM45 ~ SM55 系列，但硬度必须控制在规定范围内。

（一）模具钢的一般热处理方法

1. 模具钢的退火

退火一般是把钢加热到高于临界温度 20 ~ 30℃，保温一定时间，随后使其缓冷到室温以获得接近于平衡状态组织的热处理工艺。其目的在于：①使钢的硬度降至接近最低值；②消除钢的内应力；③使钢的化学成分均匀及细化钢的晶粒、改善钢的组织，为后续加工工序作准备。

正火是把钢加热到 Ac_3 或 Ac_{cm} 以上 30 ~ 50℃，使其完全奥氏体化，并保温一定时间使奥氏体均匀，然后在静止空气中冷却。正火的目的是使钢的成分均匀和组织细化，为以后热处理工序准备有利的条件，或为了使钢达到一定的力学性能。

一般退火和正火工艺的区别除了加热温度的高低外，更重要的是加热保温后冷却速度的不同。如前所述，正火的冷却速度以在静止空气中冷却为准，退火的冷却速度则比正火慢。对淬透性不高的钢来说，退火后的组织应为珠光体加先共析相（铁素体或碳化物）或球化体，而正火后则可能有贝氏体出现。对淬透性高的钢来说，如果奥氏体化后在静止空气中冷却有马氏体形成时，则不称为正火处理。退火时，也应选择合适的冷却速度，避免产生硬化组织。由于正火比退火采用了更快的冷却速度，若它们的组织都是珠光体，正火组织则比退火组织要细得多，因此经正火的钢具有较高的硬度和强度。

此外，常把某些低于临界温度 A_1 以下的热处理也称为退火，例如软化退火和再结晶退火等。退火工艺应根据退火的目的来决定，退火成功与否，几乎完全取决于奥氏体的形成和均匀化，以及随后缓慢冷却时奥氏体在适当过冷情况下的分解。经过热加工（锻轧）缓慢冷却下来的钢，其金相组织为铁素体和碳化物的混合组织，碳化物含量多少及分布情况一般取决于钢的化学成分、停锻或停轧温度及冷却速度等。如将具有此种组织的钢加热到 Ac_1 及 Ac_3 或 Ac_{cm}之间，并保持足够的时间，则除了形成奥氏体外，还将含有一部分铁素体或碳化物。对于亚共析钢而言，加热到上述温度范围时，其中的碳化物将迅速固溶于奥氏体中，并保留一部分铁素体。而过共析钢除了碳化物溶入奥氏体中达到饱和状态外，还将留存一部分碳化物，此种留存的碳化物在适当条件下将聚集球化。若加热温度高于 Ac_3 或 Ac_{cm}，则将形成单相的奥氏体组织。但对于一些高碳高合金钢，如高碳高铬冷作模具钢等，由于其中的特殊碳化物十分稳定，不易溶入奥氏体中，以致加热温度虽然高于 Ac_{cm}并保持较长时间，也难获得单一的奥氏体组织。奥氏体在高温时的均匀程度、晶粒大小以及是否有碳化物颗粒存在，对钢的退火组织有决定性的影响。单相均匀的奥氏体缓冷后，除了在晶界上出现数量不同的先共析产物（铁素体或碳化物）外，晶粒内部为粗细不同的珠光体。如奥氏体中有呈弥散状态分布的碳化物颗粒存在，缓冷时又在略低于下临界点温度保温较长时间，则将形成球化体。

退火的允许加热速度随钢的化学成分、原始组织的不同而变。通常，钢中合金元素含量多时，则加热速度应慢些。

在退火过程中，奥氏体形成的速度和成分的均匀程度取决于加热温度的高低和保温时间的长短。加热温度越高，保温时间越长，则奥氏体形成越快，成分也越均匀。但与此同时，尤其是加热温度越高，奥氏体的晶粒就会变得越粗大。

在退火的正常缓冷条件下，均匀奥氏体除了析出先共析产物外，其余将转变成珠光体。其转变温度与冷却速度有关，冷却速度越快，奥氏体的转变温度越低，珠光体的片层也将随着转变温度的降低而变得细薄，先共析产物的数量也将随冷却速度的加快而减少。由此可见，对模具钢退火加热保温后的冷却速度的控制是很重要的，因为先共析产物的多少和珠光体的粗细，都将影响模具钢退火后的各种性能。

退火工艺需要很长时间，为了缩短整个退火工艺过程的周期，当缓冷至已获得所需组织和硬度（此时转变已经完成）的温度后，即可适当地使其快速冷却至室温。模具钢退火应在带有保护气氛的热处理炉内进行，以防止氧化或脱碳等缺陷的产生。

（1）完全退火　完全退火是将亚共析钢加热到 Ac_3 以上，保温足够的时间，使其完全转变成奥氏体并使奥氏体均匀化（或基本均匀），随后缓慢冷却的热处理工艺。完全退火的目的是：①使钢软化，以便于以后的切削加工或塑性变形加工；②使钢的晶粒细化并消除内应力，为淬火准备适宜的组织。

为了达到上述目的，完全退火的加热温度通常规定为高于 Ac_3 以上 20～30℃，但模具钢中若含有强碳化物形成元素，如钨、铬、钼和钒等，其奥氏体化温度应适当提高一些，这样可使它们所形成的碳化物能够较快地溶入奥氏体中。

退火加热保温应有足够的时间，使奥氏体均匀化。保温后的冷却速度应根据所欲达到的目的来决定。一般完全退火需要的时间较长，为了缩短工艺过程的时间，保温后可尽快地把钢从退火加热温度降至稍低于下临界温度。此后，应选用适当的冷却速度缓冷，使其在珠光体转变温度范围内转变成符合要求的金相组织。

亚共析钢完全退火后所得的正常组织为铁素体和珠光体，但由于冷却速度的不同，铁素体和珠光体的形状、分布以及数量也不一样。钢中珠光体的含量因冷却速度不同而有差异，珠光体中的碳含量一般也不同。因为亚共析钢或共析钢在完全或不完全退火后，碳绝大部分存在于珠光体中（铁素体中碳的质量分数在室温时只有0.008%）。退火后若珠光体量多，则珠光体的碳含量就低；若珠光体量少，其碳的浓度就高。所以，在金相检验时应注意，除非经过良好的完全退火（接近平衡状态）的钢，不能只凭珠光体的多少来与共析成分的钢比较，作出试样含碳量多少的判断。

(2) 不完全退火　不完全退火的加热温度介于上下临界温度之间，通常稍高于下临界温度。对于亚共析钢而言，不完全退火的加热温度在 $Ac_1 \sim Ac_3$ 之间，而过共析钢则在 $Ac_1 \sim Ac_{cm}$之间。

当热轧钢材在上述温度加热时，只是原来的珠光体发生重结晶相变而形成奥氏体，而铁素体（或碳化物）则依然存在（它们的含量随温度的高低而有所改变）。在退火的缓冷过程中，铁素体（或碳化物）无变化，而奥氏体又转变成珠光体，此时它们的分布情况大致与未退火前相同，只是珠光体层片的厚薄由于冷却速度的不同而有所改变。冷却速度快，珠光体的层片薄，硬度较高；冷却速度慢，珠光体的层片厚，其硬度也较低。因此，从钢加热时组织转变的情况区分，不完全退火与完全退火的区别在于：前者只是部分重结晶形成奥氏体，而后者则全部重结晶完全转变成奥氏体。

不完全退火的目的与完全退火近似，但由于在加热温度下不能完全重结晶，所以细化晶粒方面不如完全退火好。不完全退火的优点是加热温度低，所以使用较广。例如，若锻件的停锻温度正确（对亚共析钢而言，正确的停锻温度仅稍高于 Ar_3），未引起晶粒粗大，铁素体和珠光体的分布也无异常现象，此时采用不完全退火即可满足要求，而不必一定要进行完全退火。

(3) 等温退火　等温退火的工艺过程是将需退火的钢加热到临界温度以上（亚共析钢加热到 Ac_3 以上，共析钢和过共析钢加热到 Ac_1 以上）保持一定时间，使其奥氏体化和奥氏体均匀化，然后放入另一温度稍低于 Ar_1 的炉中，或在原加热炉中使钢迅速随炉冷至稍低于 Ar_1 的温度进行等温退火。在等温过程中，奥氏体随所采用等温温度的高低而转变成所需的层片厚薄适宜的珠光体。当转变完成后，即可从炉中取出空冷。

等温退火的工艺过程包括三个阶段，即奥氏体化加热和保温，速冷至等温温度并保持一定时间和出炉空冷。选择奥氏体化温度，除与钢种有关外，还需根据技术要求和钢的原始组织来调整。例如，较高的奥氏体化温度可以促进形成层状组织；较低的奥氏体化温度容易得到球化体。奥氏体化后，钢的等温温度应根据最终所欲获得的性能，通过该钢种的等温转变曲线确定。例如，等温温度距 A_1 越近，所获得珠光体的层片越厚（钢的硬度越低）；距 A_1 越远，则珠光体的层片越细（钢的硬度越高）。所以，为了得到最软的组织，可采用较低的奥氏体化温度和较高的等温温度。但应注意，选择等温温度时还需考虑过冷奥氏体完成珠光体转变的时间，也就是应尽量选择所需时间较短而又能获得所需硬度的等温温度。此外，钢在等温温度所保持的时间应较等温转变曲线上所标明的时间长些，这样可以保证过冷奥氏体的转变完全，尤其是截面较大的钢材更应如此。从奥氏体化温度冷却时，必须有一段时间，钢的心部才能冷至等温温度。等温后其组织已转变完成，此时钢材从炉中取出，无论用什么冷却方法，其组织不会再有变化。冷却速度太快时，钢材可能因受热应力而发生变形，所以通常多在空气中冷却。退火时，对于温度的控制和准确性都必须有较高的要求。等温退火也可用来防止钢中白点的形成。

模具用合金渗碳钢也进行等温退火，其奥氏体化温度为930～940℃，即比随后的渗碳温度略高一些，这种处理的目的是为了减少渗碳过程中可能发生的任何变形。转变开始于610～680℃，经过2～4h转变完成，得到的组织是铁素体和珠光体，对大多数切削加工工艺来说是合适的。

在钢材生产的各个阶段，都可以根据需要进行等温退火。例如，高合金模具钢的钢锭或热轧钢坯，当自由冷却到室温时，容易出现裂纹，在这种情况下，可将热的钢锭或钢坯放入到温度为700℃左右的等温退火炉中（该温度相当于钢的珠光体转变温度），转变完成以后再自由地冷却到室温。

许多钢种在进行等温退火时有使渗碳体球化的效果，因此等温退火和球化退火有时混为一谈，俗称等温球化退火。等温球化退火的工艺要点是：①尽可能低的奥氏体化温度（稍高于Ac_1）；②尽可能高的等温温度；③足够长的等温时间，使转变和球化完成。

（4）球化退火　球化退火是使钢获得球化体的工艺方法。所谓球化体，是指呈球状小颗粒的碳化物（或渗碳体）均匀地分布在铁素体基体中的金相组织。球化退火的成功与否，与奥氏体化温度有关。从原则上讲，奥氏体化的温度越高，越不容易得到球化体；而只有奥氏体化温度接近A_1时，因奥氏体晶粒很小，浓度又不均匀，且有大量未溶解的碳化物作为质点存在，在随后稍低于A_1温度的保温过程中，才容易得到球化体。

由于球化退火的奥氏体化温度仅稍高于临界温度，因此应密切注意加热温度是否准确。若实际温度偏低，则钢很可能没有奥氏体化，球化就不会完全；而对于具有网状碳化物的过共析钢，则网状碳化物就不可能消除，因而达不到球化退火的目的。

在退火过程中，球化的速度与钢的原始组织有关，最易于球化的是碳化物细小且分布均匀的淬火组织或经过冷加工的组织。相比之下，原为粗大珠光体组织的钢则较难球化。球化退火多用于过共析钢，具体方法有以下几种：

1）将钢加热到稍低于A_1温度长时间保温。此法主要用于淬火或冷加工后钢的球化。

2）将钢加热到稍高于A_1温度保温一段时间，而后冷至略低于A_1温度保温，然后再升温至第一次加热温度，再冷至略低于A_1温度保温。如此重复多次，使钢中原晶界上的碳化物和珠光体中的渗碳体经过溶解和重新析出、集聚而达到球化目的。处理时，最好采用容易控制温度的小型炉子，此法适用于原为珠光体组织的钢。

3）将钢加热到稍高于A_{cm}温度，使所有碳化物溶解，而后快速冷却以防止网状碳化物析出，至略低于A_1温度并长时间保温。

4）将钢加热到稍高于A_1温度，保温后，再冷至略低于A_1温度并长时间保温。

5）将钢加热到稍高于A_{cm}温度，使网状碳化物或大块碳化物完全溶解，然后快速冷至较低温度，随后将钢再加热到稍低于A_1温度保温。

6）与第5）种方法近似，只是球化时采用第2）种方法。

（5）均匀化退火　钢锭浇注后，在凝固过程中会产生不同程度的偏析（枝晶偏析）。当偏析严重时，钢锭或钢坯显微组织的化学成分就不均匀。均匀化退火就是将钢坯（或钢锭）高温加热，并在此温度下长时间保温，使钢中不均匀的元素在高温下扩散，以减轻或尽可能地消除偏析的影响，从而提高钢的质量。

均匀化退火要求较高的温度，具体的加热温度需根据偏析程度而定，一般在1100～1200℃之间。保温时间也与偏析程度和钢种有关，通常可取最大有效截面，按1h/25mm计算。

为了有效地发挥均匀化退火的作用，一般应在钢锭开坯或锻造后进行。因为只有经过初步热变形，钢锭的铸态组织被破坏后，钢中各元素在不太受阻碍的情况下才能较快地进行扩散；又由于均匀化退火时，钢的晶粒已过度长大，如不再进行热加工，尚需进行一次完全退火或正火以细化晶粒。

(6) 软化退火和再结晶退火　钢材在冷加工过程中，随加工道次（或变形量）的增加而使其硬度逐渐增高，延展性逐渐降低，以至于加工不能继续进行。为了消除因冷加工所导致的硬化，就需进行软化退火，使钢软化，然后再继续进行冷加工，以达到预期的尺寸。软化退火常在先后两次冷加工中间进行，所以也叫做中间退火。

软化退火是将钢材加热到 A_1 以下温度（约650℃）并保持适当的时间，然后冷却。根据情况，冷却也可以在空气中进行。再结晶退火是把经过冷塑性变形（如冷拔）的金属材料加热到高于其再结晶温度，使之进行重新成核和晶粒长大，以获得和原来晶体结构相同（没有相变）而没有内应力的新的稳定组织。

2. 模具钢的正火

正火是将钢加热到上临界点以上30～50℃或更高温度，使钢发生奥氏体化并保温，使之均匀化，然后在静止空气中冷却的热处理工艺。此处所说的在静止空气中冷却，应理解为钢材在可以自由流通的空气中均匀地冷却，空气的流通不应因受到限制或强化而改变其冷却速度。如限制空气的流通而降低其冷却速度将成为退火处理；相反，如强化空气的流通而加速其冷却则将成为风冷淬火。由此可以看出，正火实际上是介于退火和淬火之间的一种热处理工艺。

由于钢材的截面大小不同，其冷却速度也将有差异。大型锻件的实际冷却速度接近于钢材退火时的冷却速度；细小工件的冷却速度可与淬火时的冷却速度相近。因此，经正火处理的钢材和钢件，其显微组织将随钢的淬透性和钢材及钢件的截面大小而不同，可以是各种粗细的珠光体、贝氏体或它们的混合组织，其性能也将视显微组织的不同而异。

正火处理的结果随钢材的钢种、状态和截面尺寸的不同而有很大的差别。因此，对于状态和尺寸不同的钢材，可以用正火方法来获得不同的效果。概括地说，利用正火处理，可以使钢材分别达到以下目的：

1）对于大锻件和截面较大的钢材，可以细化晶粒并使其显微组织均匀化，为下一步淬火处理打好基础。

2）改善一些钢种的板材、管材、带材和型钢的力学性能，并使之稳定在一定的水平上。

3）改善一些钢材的显微组织和性能，以提高其切削加工性。

4）细化和改善一些铸钢件的铸态结晶组织。

除了上述各项以外，对于某些大型、重型钢件，采用淬火的效果并不比正火有显著改善，反而有开裂危险。因此也可用正火处理来代替淬火。

截面尺寸较大的过共析钢在经过正火处理后，常在晶界上形成碳化物网，以致影响其各种性能。在此种情况下，应避免采用正火处理。

钢的退火与正火工艺还可参阅热处理工艺国家标准 GB/T 16923—2008《钢件的正火与退火》。

3. 模具钢的淬火和回火

钢的淬火是将钢加热到临界温度 Ac_3 或 Ac_1 以上某一温度，充分保温以使钢奥氏体化，然后迅速冷却，使钢的金相组织转变成固溶了第二相固溶体的工艺过程。对于模具钢而言，主要是转变成马氏体或混有下贝氏体的混合组织；其他钢种可能仍是奥氏体组织，此时叫做固溶处理。回火是淬火的后续工序，是将淬火后的钢加热到 Ac_1 以下某一温度（根据回火后要求的金相组织和性能而定），充分保温（使转变完成）后冷却的热处理工艺过程。固溶处理后的钢因第二相析出而强化，此时称为时效。

淬火和回火都包括两个主要阶段，即加热和冷却。由于加热或冷却的方法和介质的不同，淬火和回火工艺有许多种，如淬火有完全淬火、不完全淬火、分级淬火、等温淬火等；回火有低温回火、中温回火、高温回火、真空回火等。

热处理一般分为预备热处理和最终热处理两大类，使钢件获得最终性能的热处理称为最终热处理，如淬火加回火等；为最终热处理作组织或性能准备的热处理称为预备热处理，如退火、正火等。但也不是绝对的，如淬火加高温回火，即调质处理，有时是预备热处理，有时可作为最终热处理；预硬钢的热处理在钢厂是最终热处理，对于制造厂而言又是预备热处理。

为了满足不同模具零件的不同性能要求，模具零件的最终热处理工艺有很多。但是预硬化模具钢材作为钢厂的产品供应到市场时，其热处理（淬火加回火）工艺规范（特别是奥氏体化温度和冷却介质）必须符合国家标准或行业标准的规定，是不能随意更改的（除非用户订货协议规定另有特殊要求）。其他工艺参数，如加热时间、加热介质等，可根据具体情况（钢的特性、钢材尺寸、加热炉的类型、生产批量等）而变化。因为只有这样才能判别钢材是否是符合标准的合格品，所有生产单位的产品都必须统一符合标准的规定。

淬火加回火是模具钢或模具零件强化的最主要手段，亦即最终热处理。但是，由于历史原因，模具钢一般是以退火状态交货的，甚至少数钢种允许不经过热处理（轧制状态）交货，所以钢厂一般不作淬火加回火处理。自从预硬化模具钢推广应用以来，钢厂也进行最终热处理（淬火加回火）。我国预硬化模具钢的热处理规范可参阅有关标准，如 GB/T 1299—2000《合金工具钢》、YB/T 094—1997《塑料模具用扁钢》、YB/T 107—1997《塑料模具用热轧厚钢板》等。

（1）淬火

1）淬火加热温度。模具钢主要是过共析钢或共析钢，加热温度在 $Ac_1 \sim Ac_{cm}$ 之间，取 Ac_1 以上 30～50℃；大件取上限，细晶粒钢有时取更高温度，过共析钢取 Ac_1 以上 30～50℃。

2）加热介质。通常有气体（空气或控制气氛、真空等，宜采用对钢有保护作用的气氛加热）和液体（主要是盐浴，盐浴的种类有很多，应根据加热温度高低及其他条件的不同而选取）。

3）加热时间的确定。加热阶段包括升温、均温和保温。由于具体加热条件不同，确定因素比较复杂，差别也较大，在不同加热条件下的经验计算公式可供参考。主要考虑因素有：钢的特性、加热炉及加热介质的特性、奥氏体化温度的高低、升温特点、预热与否、预热温度及次数、装炉方式及装炉量等。

4）冷却。常用的冷却介质有水及各种水溶液、油、熔盐或空气等。对冷却介质的基本要求是：①在钢的过冷奥氏体的不稳定温度范围内具有足够的冷却能力；②在钢的低温相变温度区域具有较低的冷却速度，避免变形开裂的倾向；③成分稳定，在使用过程中不易变质或降低冷却性能；④介质在使用条件下有合适的黏度；⑤不易燃、易爆，无毒；⑥经济、易得。

影响冷却介质冷却能力的因素有介质温度、浓度、压力、污染和搅拌（流动）条件等。

（2）回火　回火温度的选取完全依据要求的力学性能而定。回火按温度高低不同分为以下几种：

1）低温回火。一般为250℃以下，其目的是在尽可能保留高硬度的条件下，消除或降低淬火应力，恢复一定的韧性而不致过脆。

2）中温回火。一般为350～500℃，使淬火钢既有一定的强度和弹性，又有足够的韧性和塑性，组织为回火托氏体。

3）高温回火。一般在500～650℃之间或更高些，目的是调整钢的强韧性（即综合力学性能），使其达到最佳的配合。淬火加高温回火也称为调质处理，调质处理作为预备热处理时，可为后续工序如表面淬火、渗氮等作好组织准备，改善切削加工性能。某些高合金钢经高温回火可获得二次硬化效果，提高硬度、耐磨性和尺寸稳定性，消除残留奥氏体。

回火保温时间原则上要充分，保温不足往往造成不良后果，有时需要两次或多次回火，在保温时间上宁长勿短。尤其是所谓的快速回火，单纯为了缩短时间而损失质量，是不可取的。通常规定最短不得少于1h，而余热回火（自回火）、局部回火等是不得已而为之，不可多用。

回火后的冷却一般均采取空冷。对于具有高温回火脆性的钢种，回火后应快冷，一般在油中冷却。对于性能要求较高的钢种或零件，在防止开裂的前提下可进行油冷或水冷，但还需进行一次消除应力的低温补充回火。

淬火与回火工艺可参考标准 GB/T 16924—2008《钢件的淬火与回火》。

4. 冷处理

冷处理也叫冰冷处理、零下处理、深冷处理，是将淬火冷却到室温的钢件继续冷却到马氏体转变开始点 *Ms* 以下的某一温度，一般为 -60～-190℃，使在室温未完成转变的奥氏体转变成马氏体。冷处理的目的是：①使模具零件具有精度保持性，防止在室温因残留奥氏体转变而发生尺寸变化；②促使未转变奥氏体更多地转变成马氏体，以进一步提高硬度，从而提高零件的耐磨性和使用寿命。

冷处理工艺依据模具零件所采用的钢种而定，一般取 -60～-80℃已足够，过度地降温也不能使奥氏体全部转变，反而会增加成本，并有开裂的可能性。特殊情况下可冷却到更低温度，如 -190℃左右。冷却方法常用的有在工业冰箱中或特制的冷处理专用设备中用空气介质冷却；也有在干冰（固体 CO_2）加入酒精的溶液中冷却，此法一般只能冷却到 -60℃左右，且不易控温，能耗大；还有的在液氮中（-196℃）冷却，此时为了强调深冷，区别于一般的冷处理，亦称为深冷处理，该法对于某些高铬钢的冲模效果尤其显著。冷处理时，钢中残留奥氏体向马氏体转变主要发生在冷却过程中，中间停留会使奥氏体稳定化而影响马氏体转变的彻底完成。达到预定的冷处理温度后，视零件尺寸大小和装炉情况，估计内外均温的时间，不需要特意延长保温时间。冷处理应在淬火后立即进行（即连续进行），但为了节约能源消耗，一般先用冷水冲洗，逐渐降温后再放入冷处理设备中或介质中。降温宜缓慢，冷速过快易造成开裂。冷处理完成后，取出零件在空气中自然缓慢地升到室温，然后再进行回火。也有为了防止开裂，淬火后先进行低温（<200℃）回火再进行冷处理，但冷处理效果就不太好了。

冷处理主要用于冷作模具的精密零件。

5. 火焰淬火

火焰淬火在模具制造中获得应用，如汽车车身覆盖件的大型拉延模、大型塑料模、大型冲模等的工作零件刃口。火焰淬火有其独特的优点且能降低成本。

淬火后能获得的最高硬度，取决于钢的含碳量、淬火温度和冷却速度等因素。火焰淬火，尤其在手工操作的情况下，是一种操作技巧很强的工艺，同时必须具备合适的工具。

冷作模具钢如 CrWMn、Cr12MoV 等均可进行火焰淬火而不致产生裂纹。表面硬度要求 800HV 左右时，淬火后空冷即可。球墨铸铁、合金铸铁也可进行火焰淬火，淬火后最高硬度可达 55～60HRC。我国自行研制的 7CrSiMnMoV 钢是当今最优秀的火焰淬火型冷作模具钢。

火焰淬火加热时应注意防止过热，避免氧化和晶粒粗大化。淬火后建议在 180～200℃进行回火。大型模具不便回火，可利用火焰局部加热或自回火。

火焰淬火工艺规范可参考热处理工艺标准 JB/T 9200—2008《钢铁件的火焰淬火回火处理》。

（二）冷作模具钢的热处理工艺

冷作模具钢常采用的热处理工序有正火、退火、调质、渗碳、淬火、回火、冷处理。

1. 正火

正火用以消除碳素工具钢、合金工具钢的残留碳化物网，细化不均匀的片状珠光体。常用冷作模具钢的正火规范见表 1-17。

表 1-17　常用冷作模具钢的正火规范

<table>
<tr><th>牌号</th><th>Ac_{cm}或Ac_3/℃</th><th>正火温度/℃</th><th>硬度 HBW</th><th>牌号</th><th>Ac_{cm}或Ac_3/℃</th><th>正火温度/℃</th><th>硬度 HBW</th></tr>
<tr><td>T7A</td><td>770</td><td rowspan="2">800～830</td><td>229～285</td><td>9SiCr</td><td>870</td><td>900～920</td><td>321～415</td></tr>
<tr><td>T8A</td><td>740</td><td>241～301</td><td>CrWMn</td><td>940</td><td>970～990</td><td>388～514</td></tr>
<tr><td>T10A</td><td>800</td><td>830～850</td><td>255～321</td><td>9Mn2V</td><td>860</td><td>860～880</td><td></td></tr>
<tr><td>T12A</td><td>820</td><td>850～870</td><td>269～341</td><td rowspan="2">5CrMnMo
5CrNiMo</td><td rowspan="2">760
770</td><td rowspan="2">870～890</td><td rowspan="2">≤227</td></tr>
<tr><td>Cr2</td><td>900</td><td>930～950</td><td>302～388</td></tr>
</table>

2. 去应力退火

去应力退火的目的是消除模具淬火或精加工前的残留应力，或避免高速钢返修淬火时出现的萘状断口，其规范见表 1-18。

表 1-18 去应力退火规范

钢种	加热温度/℃	保温时间/h	冷却方式	钢种	加热温度/℃	保温时间/h	冷却方式
碳素工具钢	600 ~ 650	1 ~ 2	空冷或炉冷	高速钢	650 ~ 750	2 ~ 3	空冷或炉冷
合金工具钢	630 ~ 680	2 ~ 3	空冷或炉冷				

3. 球化退火

球化退火的目的在于获得满意的加工性能，为淬火做好组织准备。球化退火组织对模具最终处理后的强韧性、畸变、开裂倾向、耐磨性、断裂韧度有显著的影响。球化退火温度应选在 Ac_1 以上 20 ~ 30℃为宜，要避免在退火过程中出现残存的原片状碳化物或新的片状及棱角状碳化物，但应保留许多未溶的细小碳化物颗粒作为球化的结晶核心，以保证能加速球化过程和形成均匀的球化体。球化退火的等温温度和保温时间以不出现片状或片、球状混合组织，并有合适的球化速度范围为宜。冷作模具钢的球化退火规范见表 1-19。

表 1-19 冷作模具钢球化退火规范

牌号	退火硬度 HBW	显微组织	加热温度 × 保温时间	等温温度 × 保温时间
Cr12	≤255	共晶碳化物≤3 级	830 ~ 850℃ × 2 ~ 3h	720 ~ 740℃ × 3 ~ 4h
Cr12MoV	≤241		850 ~ 870℃ × 2 ~ 4h	720 ~ 740℃ × 4 ~ 6h
W18Cr4V	≤241		850 ~ 870℃ × 2 ~ 4h	740 ~ 760℃ × 4 ~ 6h
W6Mo5Cr4V2	≤229		840 ~ 860℃ × 2 ~ 4h	740 ~ 760℃ × 4 ~ 6h
Cr4W2MoV	≤255		850 ~ 870℃ × 3 ~ 4h	750 ~ 770℃ × 6 ~ 8h
6Cr4W3Mo2VNb	≤229		850 ~ 870℃ × 4h	730 ~ 750℃ × 6 ~ 8h
7Cr7Mo2V2Si	≤255		840 ~ 860℃ × 2 ~ 4h	730 ~ 750℃ × 4 ~ 6h
7Mn15Cr2Al3V2WMo	≤290		880 ~ 900℃ × 3 ~ 6h	650 ~ 700℃ × 2 ~ 20h
6W6Mo5Cr4V	197 ~ 229		850 ~ 860℃ × 2 ~ 4h	740 ~ 750℃ × 4 ~ 6h

4. 调质

调质的目的是为了获得硬度为 180 ~ 320HBW 的细珠光体和超细碳化物，消除碳化物网带，消除加工后的残留应力，改善组织，便于机械加工，防止淬火开裂和减小淬火畸变。冷作模具钢的调质工艺可采用在常规淬火加热温度淬火后，再进行 640 ~ 680℃的高温回火，调质后的硬度一般不大于 229HBW。

5. 淬火

淬火的目的是获得最终需要的淬火组织，经回火处理后所获得的力学性能应能满足设计要求。模具材料的淬火效果取决于淬火加热温度、保温时间、冷却方式和冷却介质等，因此，正确制定淬火工艺参数及精心操作将会有利于达到预期效果。冷作模具钢的淬火规范见表 1-20。

表 1-20　冷作模具钢淬火规范

模具类别	牌　号	淬火温度/℃	冷却方式	要求回火后硬度 HRC
小型模具 大、中型模具 （微畸变淬火）	T7 ~ T12	760 ~ 780 800 ~ 850 810 ~ 830	盐水→热油 盐水→热油 碱浴（160 ~ 180℃）	> 58
厚度小于 20mm 模具 厚度为 20 ~ 60mm 模具 （微畸变淬火）	Cr2、9Cr2	840 ~ 880	热油、冷油 盐水、热油 三元硝盐	> 58
大、中型重载模具	Cr2、9Cr2	810 ~ 850	水喷淬或碱水淬，油淬	> 58
厚度小于 15 ~ 20mm 模具 大、中型重载模具	9SiCr 60Si2Mn	860 ~ 880	热油 碱浴或碱水	> 58
小型模具 中型模具	9Mn2V	760 ~ 780 790 ~ 810	冷油或热油 碱浴	> 58
中型模具	9CrWMn CrWMn	820 ~ 840	碱浴、油、 三元硝盐	62 ~ 64

6. 回火

淬火以后的工件应立即回火，以消除淬火应力、适当降低硬度、提高钢的韧性。合金工具钢的回火温度应根据模具的使用硬度来选择，对贝氏体钢等温淬火的模具，可采用下限温度回火；对 Cr12 型高铬高合金工具钢，采用二次硬化法。淬火时存在大量的残留奥氏体，应采用多次回火（2 ~ 3 次），每次 1 ~ 2h。常用冷作模具钢的回火规范见表 1-21。冷作模具钢应避免的回火脆性温度范围见表 1-22。

表 1-21　常用冷作模具钢的回火规范

牌　号	回火温度/℃				
	58 ~ 62HRC	54 ~ 58HRC	54 ~ 56HRC	50 ~ 54HRC	45 ~ 50HRC
T10		260 ~ 270		300 ~ 320	360 ~ 380
9Mn2V	160 ~ 190	260 ~ 280		320 ~ 340	380 ~ 400
CrWMn				320 ~ 340	380 ~ 400
9CrWMn		220 ~ 280		350 ~ 380	380 ~ 400
9SiCr		220 ~ 280		320 ~ 340	380 ~ 400
Cr12		220 ~ 280	360 ~ 380	480 ~ 520	
Cr12MoV		220 ~ 280	360 ~ 380	480 ~ 520	
Cr6WV		220 ~ 280	340 ~ 360	480 ~ 500	
Cr2Mn2SiWMoV	160 ~ 200	280 ~ 300	360 ~ 400	480 ~ 500	

表 1-22　冷作模具钢的回火脆性温度范围

牌号	CrWMn	9Mn2V	GCr15	9SiCr	Cr12	Cr12MoV
温度/℃	250 ~ 300	190 ~ 230	200 ~ 250	200 ~ 240	290 ~ 330	325 ~ 375

7. 冷处理

由于某些高碳高铬合金工具钢的 Ms 点很低，模具淬火至室温后保留较多的残留奥氏体，为使其转变成马氏体以提高硬度、耐磨性和尺寸稳定性，需要进行深冷处理，其方法见表 1-23。

表 1-23　冷处理方法及可达到的温度

深冷处理方法	可达到的温度/℃	深冷处理方法	可达到的温度/℃
干冰（固体二氧化碳）+酒精混合	-80	冰冻机	-80～-40
液体氮蒸发	-130		

形状简单的工件，淬火后可立即进行深冷处理；形状复杂的工件，在淬火后立即回火，然后进行冷处理，以减小工件的开裂。不得将淬火时未冷到常温的工件放入低温箱，否则将引起开裂。淬火工件深冷处理以前在常温下允许停留的时间，取决于钢的奥氏体稳定化敏感程度。常用冷作模具钢深冷处理前在室温下允许停留的时间见表 1-24，几种冷作模具钢的深冷处理效果见表 1-25。

表 1-24　常用冷作模具钢深冷处理前在室温下允许停留的时间

残留奥氏体的稳定化敏感程度	牌　号	处理前在室温下允许停留的时间/h
不敏感	18Cr2Ni4WA、Cr12MoV（1150℃淬火）	24
中等	CrMn、CrWMn、GCr15、W18Cr4V、Cr12MoV（1050℃淬火）	2～3
高度敏感	10 钢、15 钢、20 钢、T8、T10、9SiCr	0.5～1

表 1-25　几种冷作模具钢的深冷处理效果

牌号	淬火温度/℃	深冷处理温度/℃	性能变化		
			马氏体的增加（体积分数，%）	硬度的增加（ΔHRC）	长度的增加（%）
T8	780	0	0～1.2	0～0.6	
T10	780	0	0.4～1.6	0～1.5	
T12	780	-20	0.8～3.2	0.3	
CrMn	850	-50	10.6～11.7	1.5～2.0	0.231～0.299
CrWMn	820	-80	2.4～4.4	2.5	0.050～0.087
GCr15	850	-30	2.0～3.0	2.5	0.0259～0.0499
Cr12MoV	1100	-70	17.7～20.5	4.5	
	1150	-90	40.8～41.8	18.5	0.577～0.588

在进行深冷处理时，应注意人身安全，采取必要的措施。

（三）常用冷作模具钢的退火状态硬度、淬火温度及硬度

常用冷作模具钢的退火状态硬度、淬火温度及硬度见表 1-26。

表1-26　常用冷作模具钢的退火状态硬度、淬火温度及硬度

类别	牌号	退火状态		淬火状态	
		硬度值 HBW	压痕直径/mm	淬火温度/℃（冷却介质）	硬度值 HRC(不小于)
低合金工具钢	9Cr2	179～217	4.1～4.5	820～850(油)	62
	9Mn2V	≤229	≥4.0	780～810(油)	62
	9SiCr	197～241	3.9～4.3	820～860(油)	62
	Cr2	179～229	4.0～4.5	830～860(油)	62
	4CrW2Si	179～217	4.1～4.5	860～900(油)	53
	5CrW2Si	207～255	3.8～4.2	860～900(油)	55
	6CrW2Si	229～285	3.6～4.0	860～900(油)	57
	5CrNiMo	197～241	3.9～4.3	830～860(油)	58
	5CrMnMo	197～241	3.9～4.3	820～850(油)	52
	CrWMn	207～255	3.8～4.2	800～830(油)	62
	Cr5Mo1V	≤255	≥3.95	790℃预热,940℃加热,保温5～15min	62(盐浴或950℃炉控气氛,空冷,200℃回火)
	7CrSiMnMoV	<255	3.9～4.1	880～920(油)(气)	58～61
高合金工具钢	Cr12	217～269	3.7～4.1	950～1000(油)	60
	Cr12Mo1V1	≤255	≥3.8	820℃预热,1000℃保温10～20min	59(盐浴或1010℃炉控气氛,空冷,回火)
	Cr12MoV	207～255	3.8～4.2	1020～1040(油)	62～63
	5Cr4W5Mo2V	≤255	≥3.7	1100～1150(油)	57～62
	6Cr4W3Mo2VNb	≤209	≥3.8	1100～1160(油)	≥61
	5Cr4Mo3SiMnVA1	≤255	≥3.8	1090～1120(油)	>60
高速工具钢	W18Cr4V	≤269		1200～1260(油)	≥63
	W6Mo5Cr4V2	≤269		1140～1220(油)	≥63
	6W6Mo5Cr4V	≤269		1180～1200(油)	58～60
	W9Mo3Cr4V	≤269		1210～1250(油)	≥63
碳素工具钢	T7	≤187	≥4.4	800～820,水	62
	T8	≤187	≥4.4	780～800,水	62
	T10	≤197	≥4.3	760～780,水	62
	T12	≤207	≥4.2	761～780,水	62

（四）冷作模具工作零件的工作硬度

冷作模具工作零件的工作硬度见表 1-27、表 1-28。

表 1-27 一般冷作模具工作零件的工作硬度

模具类别	工作条件	选用材料	工作硬度 HRC	
			凸模	凹模
一般冲裁模	轻载	T10A、9SiCr CrWMn、9Mn2V Cr12	56～62	58～64
	重载	Cr12MoV、Cr12Mo1V1 Cr4W2MoV、5CrW2Si 7CrSiMnMoV 6CrNiMnSiMoV	56～62	58～64
其他冲裁模	精冲	Cr12、Cr12MoV W6Mo5Cr4V2 8Cr2MnWMoVS W18Cr4V	58～62	59～63
	易断凸模	W6Mo5Cr4V2 6Cr4W3Mo2VNb(65Nb) 6W6Mo5Cr4V 7Cr7Mo2V2Si(LD)	56～64	
	高寿命、高精度模	Cr12Mo1V1 8Cr2MnWMoVS (或硬质合金类)	58～62	60～64
弯曲模	一般模	T8A、T10A、45 钢 9Mn2V、Cr2 6CrNiMnSiMoV	56～62	58～62
	复杂模	CrWMn、Cr12 Cr12MoV	56～62	58～64
拉深模	一般模	T8A、T10A 9CrWMn、Cr12 7CrSiMnMoV	56～62	58～64
	重载、长寿命模	Cr12MoV、Cr4W2MoV W18Cr4V、Cr12Mo1V1 W6Mo5Cr4V2 (或硬质合金类)	56～62	58～64

表 1-28　特种冷作模具工作零件的工作硬度

模具类别	模具名称	使用条件	推荐使用牌号	代用牌号	工作硬度 HRC
冷精压模	刻印精压模	钢件 不锈钢、高强度材料	6W6Mo5Cr4V	Cr12MoV	58 ~ 60
			6Cr4W3Mo2VNb(65Nb)	5CrW2Si	
	立体精压模	浅型腔 复杂型腔	Cr2	GCr15	60 ~ 62
			Cr6WV	9Cr2	54 ~ 56
			5CrNiMo	5CrW2Si	57 ~ 60
			9CrSi	5CrMnMo	
	轻载冷挤压模	铝合金(比压不小于1470MPa)	Cr2(小型)	MnCrWV	60 ~ 62
			Cr6WV(中型)	Cr12MoV	56 ~ 58
	重载冷挤压模	钢件(比压 1500 ~ 2000MPa)	凸模 6W6Mo5Cr4V	W6Mo5Cr4V2	60 ~ 62
			凹模 Cr12MoV	65Nb CrWMn	58 ~ 60
		钢件(比压 2000 ~ 2500MPa)	凸模 W6Mo5Cr4V2	W18Cr4V	61 ~ 63
	模具型腔冷挤压凸模	一般中、小型复杂件、复杂精密件成批压制用,高比压(>2500MPa)	9SiCr	Cr2、T10A	59 ~ 61
			5CrW2Si Cr12MoV	Cr6WV	59 ~ 61(渗碳)
			W6Mo5Cr4V2	W18Cr4V、Cr12	61 ~ 63
粉末冷压模	冲头	非铁金属	Cr6WV、Cr5Mo1V、6W6Mo5Cr4V		59 ~ 63
		无衬套	W6Mo5Cr4V2、W18Cr4V、6W6Mo5Cr4V		59 ~ 63
	凹模		Cr12、Cr12MoV、W6Mo5Cr4V2、Cr4W2MoV、6W6Mo5Cr4V		59 ~ 63
冷滚压模	搓丝板	一般	9SiCr、Cr12MoV		58 ~ 61
	滚丝模、滚齿纹模	一般、轻载螺距>3mm、中载梯形螺纹、齿纹	9SiCr、Cr12MoV		58 ~ 61 56 ~ 58 54 ~ 56
	成形滚压模	型材校压辊	9Cr2、Cr2		61 ~ 63
冷镦模	切料刀	低碳钢	T10A、GCr15		刃口段 61 ~ 63
		中碳钢、合金结构钢	Cr12、Cr12MoV、W18Cr4V		刃口段 60 ~ 62
	切料模	低碳钢	T10A、GCr15		59 ~ 61
		中碳钢、合金结构钢	Cr12、Cr12MoV、W18Cr4V		59 ~ 61
	初镦冲头	低碳钢	T10A		59 ~ 61
		中碳钢、合金结构钢	T10A、GCr15		59 ~ 61
	切边凹模	低碳钢	T10A		61 ~ 63
		中碳钢、合金结构钢	Cr12MoV、7Cr7Mo2V2Si(LD)		61 ~ 63

（续）

模具类别	模具名称	使用条件	推荐使用牌号	代用牌号	工作硬度 HRC
冷镦模	冲孔冲头	低碳钢、中碳钢、合金结构钢	W18Cr4V		57～63（软氮化）
	冲孔凹模	低碳钢、中碳钢、合金结构钢	W18Cr4V		60～63
	顶料杆	直径≤ϕ12mm 的低碳钢、中碳钢、合金结构钢	65Mn		58～60
		直径>ϕ12mm 的低碳钢、中碳钢、合金结构钢	9SiCr		58～60
	缩径横芯	低碳钢、中碳钢、合金结构钢	YG20C、5CrNiMo		47～51
	缩径横套				
	初镦凹模	低碳钢	T10A		59～61
		中碳钢、合金结构钢	Cr12MoV、65Nb、YG20、LD		59～61
	初镦凹模套	低碳钢、中碳钢、合金结构钢	5CrNiMo、40Cr、T10A		47～51
	终镦冲头	低碳钢	T10A、60Si2Mn、7CrSiMnMoV		53～57
		中碳钢、合金结构钢	65Nb、LD、W18Cr4V、W6Mo5Cr4V2		61～63
	终镦凹模	低碳钢	T10A		55～57
		中碳钢、合金结构钢	Cr12MoV、65Nb、LD、7CrSiMnMoV		53～57
	终镦凹模套	低碳钢、中碳钢、合金结构钢	5CrNiMo		47～51
	整形冲头	低碳钢、中碳钢、合金结构钢	T10A、60Si2Mn		59～61
	整形凹模	低碳钢、中碳钢、合金结构钢	T10A、Cr12MoV		59～61
	整形凹模套	低碳钢、中碳钢、合金结构钢	5CrNiMo		47～51
	切边冲头	低碳钢	9SiCr、Cr12MoV		60～63
		中碳钢、合金结构钢	LD、65Nb		59～62

（五）冷作模具结构零件的工作硬度

冷作模具结构零件的工作硬度见表1-29。

表1-29　冷作模具结构零件的工作硬度

零件名称	材　　料	热处理	工作硬度 HRC
上、下模板	HT210、HT220、ZG30、ZG40、Q235		
模柄	Q235、Q275		
导柱、导套	20 钢	渗碳、淬火	60～62

（续）

零件名称	材料	热处理	工作硬度 HRC
凸、凹模固定板	Q235、Q275		
托料板	Q235		
卸料板	Q235、Q275		
导料板	45 钢	淬火	42
挡料销	45 钢	淬火	45
	T7A		43～45
导正销、定位销	T7、T8	淬火	52～56
垫板	45 钢	淬火	43～48
定位板	T8A	头部淬火	54～58
螺钉	45 钢	头部淬火	43～48
圆柱销	45 钢	淬火	43～48
	T8A		52～56
推杆	45 钢		
推板	45 钢		
压边圈	T8A	淬火	54～58
侧刃、侧刃挡板	T8A	淬火	54～58
楔块、滑块	T8A、T10A	淬火	60～62
顶板	45 钢		
弹簧	65Mn、60Si2Mn	淬火	40～45

四、任务实施

1）写出调整垫片冷冲裁模具各零件的硬度要求，并合理安排其凸凹模的热处理工艺

根据对调整垫片冷冲裁模具工作条件及失效的分析，模具零件的硬度要求见表 1-30。

表 1-30　调整垫片冷冲裁模具硬度要求

零件号	零件名称	零件材料	硬度 HRC	零件号	零件名称	零件材料	硬度 HRC
1	缓冲器(1)	橡胶	-	13	缓冲器(2)	橡胶	
2	定位销	T8	52～56	14	钢球	45 钢	40～44
3	退料器	45 钢	40～44	15	凹模	GCr15	60～64
4	导套压板	T8A	54～58	16	卸料板	Q275	
5	上模板	HT200		17	螺杆	45 钢	43～48
6	锥面压圈	T8A	54～58	18	凸凹模固定板	Q275	
7	球面模柄	Q275		19	下模垫板	Q275	
8	球面垫块	Q275		20	凸凹模	GCr15	60～64
9	凸模	GCr15	56～62	21	下模板	HT200	
10	上模垫板	45 钢	40～44	22	导柱	20 钢	60～62
11	凸模固定板	Q275		23	弹簧	65Mn	40～45
12	导套	20 钢	60～62				

调整垫片的冷冲裁凸凹模采用 GCr15，在 790 ~ 810℃进行退火，炉冷至 650℃后空冷，硬度可达 22 ~ 25HRC，然后进行淬火、回火（860℃淬火，油冷，硬度可达 62 ~ 66HRC；150 ~ 170℃低温回火，空冷，硬度达 61 ~ 66HRC）。其热处理工序为：锻造→退火→粗加工→淬火、回火→精加工。

2）写出冰箱门外壳冷拉深模具各零件的硬度要求，并合理安排其凸模的热处理工艺

根据对冰箱门外壳冷拉深模具工作条件及失效的分析，模具零件的硬度要求见表 1-31。

表 1-31 冰箱门外壳冷拉深模具硬度要求

零件号	零件名称	零件材料	硬度 HRC	零件号	零件名称	零件材料	硬度 HRC
1	成形凹模	Cr12MoV	60 ~ 64	13	弹簧	65Mn	40 ~ 45
2	侧面挡块	T8A	54 ~ 58	14	导轨	T8A	54 ~ 58
3	导柱	20 钢	60 ~ 62	15	侧向止动块	T8A	54 ~ 58
4	下模座	HT250		16	斜滑块	T8A	54 ~ 58
5	定位钉	T8A	54 ~ 58	17	卸料螺钉	45 钢	43 ~ 48
6	卸料螺钉	45 钢	43 ~ 48	18	斜楔	T8A	54 ~ 58
7	压料块	T8A	54 ~ 58	19	上模座	HT250	
8	压料板	T8A	54 ~ 58	20	压料板	T8A	54 ~ 58
9	凸模	Cr12MoV	60 ~ 64	21	卸料螺钉	45 钢	43 ~ 48
10	凸模固定板	Q275		22	导柱	20 钢	60 ~ 62
11	限位块	T8A	54 ~ 58	23	导套	20 钢	60 ~ 62
12	拉杆	45 钢		24	导套	20 钢	60 ~ 62

冰箱门外壳的冷拉深凸模采用 Cr12MoV，淬火时先在 500 ~ 600℃预热 2 ~ 4h，然后在 850 ~ 880℃保温一定时间（至少 2h），放入油中冷却至 50 ~ 100℃，出油空冷，淬火后硬度可达 50 ~ 52HRC。为了防止开裂，应立即进行 200℃低温回火处理，回火后硬度可保持在 48HRC 以上，其热处理工序为：锻造→退火→粗加工→淬火、回火→精加工。

3）写出带中间凸缘轴零件冷镦模具的硬度要求，并合理安排其上模芯的热处理工艺

根据对带中间凸缘轴零件冷镦模具工作条件及失效的分析，模具零件的硬度要求见表 1-32。

表 1-32 带中间凸缘轴零件冷镦模具硬度要求

零件号	零件名称	零件材料	硬度 HRC	零件号	零件名称	零件材料	硬度 HRC
1	上模座	HT250		11	下拉钩	T8A	50 ~ 55
2	上模芯	5CrNiMo	60 ~ 62	12	压缩弹簧	65Mn	40 ~ 45
3	铰链座	T8A	54 ~ 58	13	连接板	45 钢	40 ~ 44
4	挡板	T8A	54 ~ 58	14	下模座	HT250	
5	销轴	T8A	54 ~ 58	15	固定板	Q275	
6	下凹模	5CrNiMo	62 ~ 64	16	上拉钩	T8A	54 ~ 58
7	下凹模固定板	45 钢	40 ~ 44	17	限位块	T8A	54 ~ 58
8	立柱	T8A	54 ~ 58	18	上凹模	5CrNiMo	60 ~ 62
9	压缩弹簧	65Mn	40 ~ 45	19	固定板	Q275	
10	下模芯	5CrNiMo	60 ~ 62				

带中间凸缘轴零件的冷镦模上模芯采用 5CrNiMo，热处理时为了防止开裂，在 830 ~ 860℃加热后，先在空气中预冷到 750 ~ 780℃，然后再油冷到 150 ~ 180℃，取出并立即回

火，硬度可达60～62HRC。其热处理工序为：锻造→退火→粗加工→淬火、回火→精加工。

4）写出气门顶杆冷挤压模具的硬度要求，并合理安排其凸模的热处理工艺

根据对气门顶杆冷挤压模具工作条件及失效的分析，模具零件的硬度要求见表1-33。

表1-33　气门顶杆冷挤压模具硬度要求

零件号	零件名称	零件材料	硬度 HRC	零件号	零件名称	零件材料	硬度 HRC
1	拉杆	45钢	40～44	13	压圈	T8A	54～58
2	垫块	45钢	40～44	14	凹模外套	45钢	40～44
3	凹模中套	45钢	40～44	15	顶杆	45钢	40～44
4	凹模内套	45钢	40～44	16	定位环	T8A	54～58
5	卸料圈	45钢	40～44	17	顶板	45钢	40～44
6	上模座	HT200		18	拉簧	65Mn	40～45
7	定位圈	T8A	54～58	19	活动板	45钢	40～44
8	压环	T8A	54～58	20	压力垫板	45钢	40～44
9	压力垫板	45钢	40～44	21	小顶杆	45钢	40～44
10	紧固圈	T8A	54～58	22	斜块	T8A	54～58
11	凸模	CrWMn	58～62	23	下模座	HT200	
12	卸料板	45钢	40～44				

气门顶杆的冷挤压模具凸模采用CrWMn，等温退火采用700～800℃保温2～4h，然后在670～720℃保温，保持2～4h，以小于或等于50℃/h的冷速冷却到500℃出炉空冷，退火硬度为30～26HRC；800～830℃淬火，油冷，硬度大于或等于62HRC，回火后硬度为58～62HRC。其热处理工序为：锻造→退火→粗加工→淬火、回火→精加工。

五、单元练习

（一）理论练习

1. 模具的热处理包括__________的热处理和__________的热处理。

2. 模具材料的热处理要符合__________规定的要求，或者满足__________规定的要求。

3. 模具零件热处理是在__________完成的，其特点是__________。

4. 给予钢或零件最终性能的热处理叫__________，如__________等。

5. ____有时是预备热处理，有时可作最终热处理。

6. 预硬钢的热处理，在钢厂是__________热处理，对于制造厂而言又是__________热处理。

7. 冷处理主要用于__________。

8. 冷作模具零件常采用的热处理工有正火、退火、调质、____、____、____、____。

（二）实践训练

分析图1-10所示汽车脚踏板垫片冷冲裁模具零件的硬度要求，完成表1-34，并合理安排其凸模的热处理工艺。

表 1-34 汽车脚踏板垫片冷冲裁模具硬度要求

零件号	零件名称	零件材料	硬度 HRC	零件号	零件名称	零件材料	硬度 HRC
1	下模座			10	模柄		
2	凸模固定板			11	推板		
3	凸凹模			12	垫板		
4	卸料板			13	凸模固定板		
5	推件板			14	推杆		
6	凸模			15	凹模		
7	导柱导套			16	活动挡料销		
8	上模座			17	弹簧		
9	打杆						

单元四 综合训练

一、问答题

1. 试从冷冲裁模具的工作特点和受力特点分析其主要失效形式。

2. 试通过对冷挤压模具工作条件及失效形式的分析，说明冷挤压模具对材料的性能要求。

3. 试选择制作钳工刮刀、锉刀的材料，说明理由并分析其热处理一般工序。

4. 就所了解的知识，介绍一下所知道的新研制和引进的冷作模具钢及其应用。

5. 为什么厚板冷冲裁模具的热处理关键是提高其强韧性？简述冷作模具钢的强韧化处理工艺。

二、综合题

汽车轮胎螺栓是汽车行走装置的一个重要零件，其毛坯图如图 1-11 所示，材料为 45 钢。该零件生产批量较大，年产 50 万件。为了节约材料，提高零件的生产效率，降低零件生产成本，便于大批量生产，决定采用冷挤压精密成形工艺生产该零件毛坯。图 1-12 所示为其模具的总装配图，要求如下：

1）分析汽车轮胎螺栓冷挤压模具的工作条件及失效形式。

2）选择合适的模具材料及硬度要求，完成表 1-35。

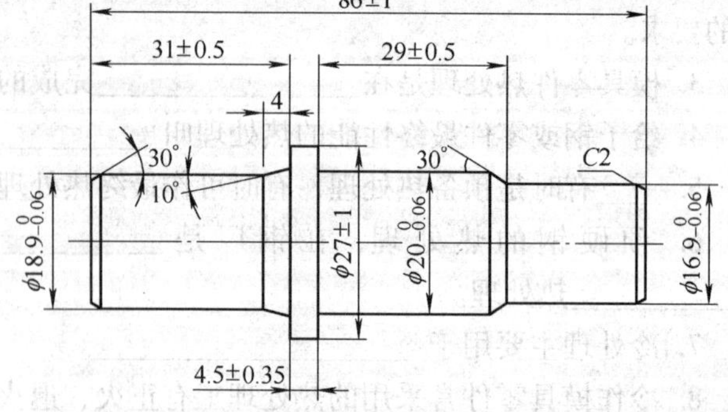

图 1-11 汽车轮胎螺栓毛坯图

3）合理安排汽车轮胎螺栓冷挤压模凹模的热处理工艺。

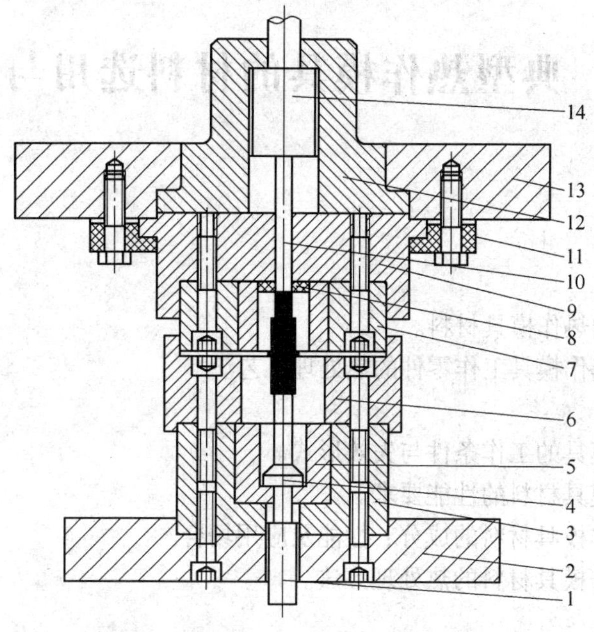

图 1-12　汽车轮胎螺栓冷挤压模

1—下顶杆　2—下模座　3—垫套　4—压板　5—垫块　6—下模外套　7—下垫块
8—下组合凹模　9—上组合凹模　10—上模垫块　11—推件器
12—上模套　13—上模座　14—打料杆

表 1-35　汽车轮胎螺栓冷挤压模材料选择及硬度要求

零件号	零件名称	零件材料	硬度 HRC	零件号	零件名称	零件材料	硬度 HRC
1	下顶杆			8	下组合凹模		
2	下模座			9	上组合凹模		
3	垫套			10	上模垫块		
4	压板			11	推件器		
5	垫块			12	上模套		
6	下模外套			13	上模座		
7	下垫块			14	打料杆		

项目二　典型热作模具的材料选用与热处理

一、任务目标

终极目标：

1）会选择合理的热作模具材料。

2）会合理安排热作模具工作零件的热处理工艺。

促成目标：

1）会分析热作模具的工作条件与失效形式。

2）会分析热作模具材料的性能要求。

3）了解常用热作模具材料的成分、性能及应用场合。

4）了解常用热作模具材料的热处理方法。

二、工作任务

1. 触头座挤压模具

图 2-1 所示为某企业生产的 ZF16 触头座，它是某型号高压开关中的关键零件，材料为 T2 纯铜，是典型的带凸缘管形件，模具寿命为 10 万件。

1）选择图 2-2 所示触头座挤压模具零件的材料，并写出其硬度要求，完成表 2-1。

2）合理安排模具反挤压凸模的热处理工艺。

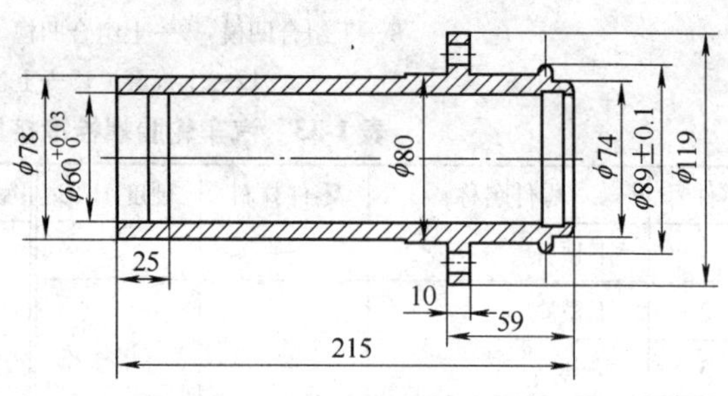

图 2-1　ZF16 触头座

表 2-1　触头座挤压模具材料选择及硬度要求

零件号	零件名称	零件材料	硬度 HRC	零件号	零件名称	零件材料	硬度 HRC
1	上模板			8	下模座		
2	上垫板			9	下垫板		
3	固定板			10	下模板		
4	反挤压凸模			11	顶件器		
5	预应力圈			12	顶杆		
6	凹模			13	芯轴		
7	支撑环			14	正挤压凸模		

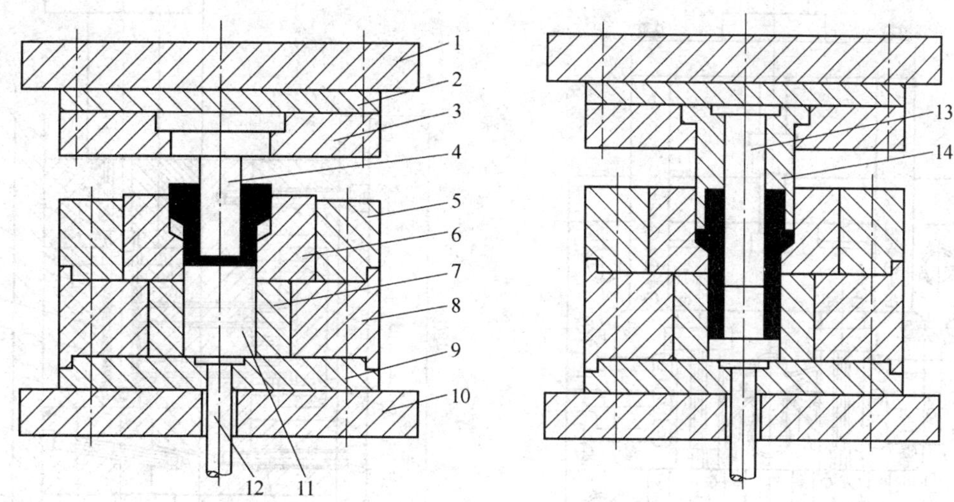

图 2-2　触头座挤压模具结构

1—上模板　2—上垫板　3—固定板　4—反挤压凸模　5—预应力圈　6—凹模　7—支撑环　8—下模座　9—下垫板　10—下模板　11—顶件器　12—顶杆　13—芯轴　14—正挤压凸模

2. 接线盒压铸模具

图 2-3 所示为某企业生产的接线盒压铸件，材料为 ZL102，力学性能为：$R_m \geqslant 220$MPa，$A \geqslant 2\%$，硬度≥60HBW，生产 2 万件。

1）选择图 2-4 所示接线盒压铸模具零件的材料，并写出其硬度要求，完成表 2-2。

2）合理安排模具的活动型芯 I 的热处理工艺。

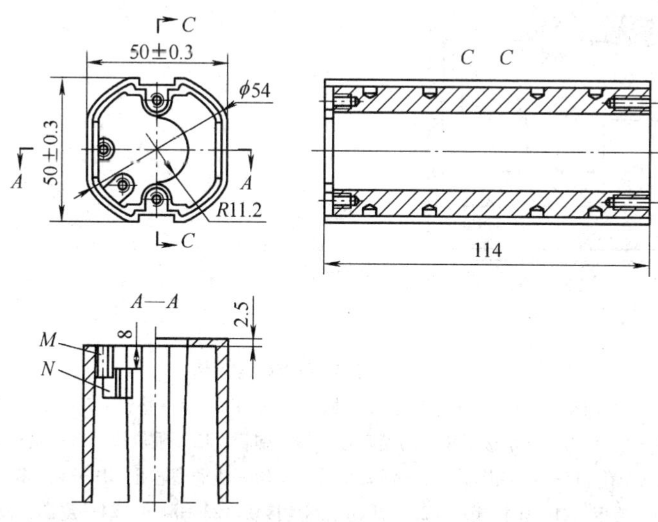

图 2-3　接线盒压铸件

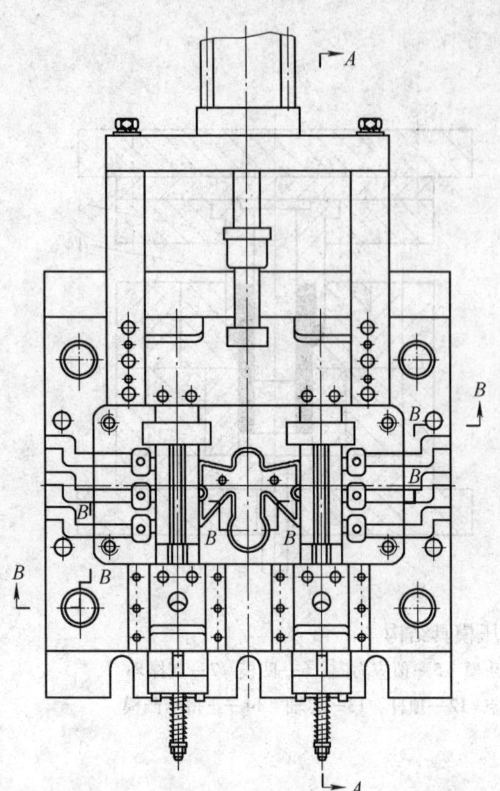

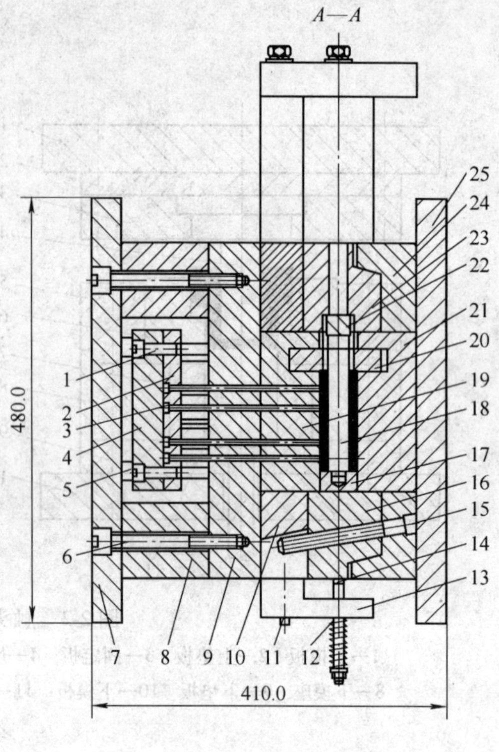

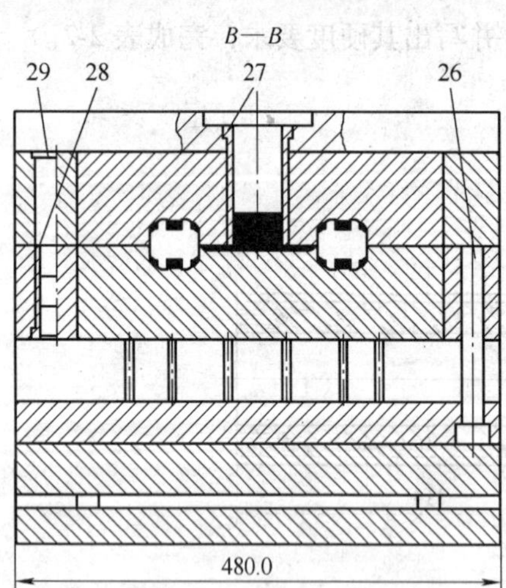

图 2-4　接线盒压铸模具结构

1、6、11—螺钉　2—推杆固定板　3—推杆　4—推板　5—垫钉　7—动模座板　8—垫块　9—支承板　10—动模套板　12—弹簧　13—限位块　14—螺栓　15—斜销　16—斜销滑块　17—活动型芯Ⅰ　18—活动型芯Ⅱ　19—动模镶块　20—挡板　21—定模镶块　22—活动型芯连接块　23—滑块　24—定模套板　25—定模座板　26—复位杆　27—浇口套　28—导套　29—导柱

表 2-2　接线盒压铸模具材料选择及硬度要求

零件号	零件名称	零件材料	硬度要求	零件号	零件名称	零件材料	硬度要求
1	螺钉			16	斜销滑块		
2	推杆固定板			17	活动型芯Ⅰ		
3	推杆			18	活动型芯Ⅱ		
4	推板			19	动模镶块		
5	垫钉			20	挡板		
6	螺钉			21	定模镶块		
7	动模座板			22	活动型芯连接块		
8	垫块			23	滑块		
9	支承板			24	定模套板		
10	动模套板			25	定模座板		
11	螺钉			26	复位杆		
12	弹簧			27	浇口套		
13	限位块			28	导套		
14	螺栓			29	导柱		
15	斜销						

单元一　热作模具的工作条件与失效形式

一、单元目标

终极目标：会分析热作模具的工作条件与失效形式。

促成目标：

1）会分析热挤压模具的工作条件与失效形式。

2）会分析压铸模具的工作条件与失效形式。

二、单元任务

1）分析图 2-2 所示触头座挤压模具的工作条件与失效形式。

2）分析图 2-4 所示接线盒压铸模具的工作条件与失效形式。

三、任务导学

要完成本单元任务，需掌握以下知识：

1）锤锻模的工作条件与失效形式。

2）热挤压模的工作条件与失效形式。

3）压铸模的工作条件与失效形式。

（一）概述

热作模具主要用于热变形加工和压力铸造，主要包括锤锻模、热挤压模和压铸模三大类。热作模具主要用于高温条件下的金属成形，模具在高温下承受交变应力和冲击力，工件成形温度往往在1000℃以上，模具温度可达到400～700℃，甚至700℃以上。模具还要经受高温氧化及烧损，在强烈水冷条件下经受冷热变化引起的热冲击作用，从而获得各种所需形状的零件或精密毛坯。

1. 热作模具的工作条件

（1）型腔表层金属受热　尽管热锻模具不同，型腔表层金属受热温度也不相同，但是最低也有几百摄氏度，热挤压模具与压铸模具的型腔表层温度更高。

（2）型腔表层金属产生热疲劳　热作模具的工作特点是具有间歇性，每次使热态金属成形后都要用冷却介质冷却型腔的表面。因此，热作模具的工作状态是反复受热和冷却，从而使型腔表层金属产生反复的热胀冷缩，即反复承受拉压应力作用，其结果是引起型腔表面出现裂纹，称为热疲劳现象。

（3）载荷作用　锤锻模具受强烈的冲击载荷和工作应力作用，热挤压模具和压铸模具是在高压下服役的。

2. 常见热作模具的失效形式

（1）塑性变形　热作模具的塑性变形是指在高温下被加热的毛坯反复与模具的型腔长期接触，当表面的温度高于模具的最终回火或化学热处理的温度时，模具的硬度下降，其基体无法承受毛坯反复的作用，此时的模具表面硬度已经降到30HRC以下（一般而言，热作模具的硬度应为44～52HRC），使模具发生软化而产生塑性变形，其表现形式为塌陷，多发生在工作载荷大、工作温度高的挤压模具和锻模凸起部位。

（2）热疲劳　热疲劳是指在环境温度发生周期性变化的条件下，工作模具表面出现的网状裂纹。此裂纹属于表面裂纹，通常深度浅，在机械应力的作用下向内部扩展，最终产生断裂失效。由于热作模具的工作温差大，那些反复急冷急热且速度快的压铸模、锻模等容易出现热疲劳裂纹。

（3）热磨损　热磨损是指模具工作部位和被加工材料之间发生相对运动而产生的损耗，即尺寸超差和表面损伤（如拉伤、飞边等）。模具的工作温度、材料的硬度、合金元素，以及润滑条件等均会影响到模具的磨损，可见，相对运动剧烈和凸起部位的模具，如热挤压冲头等，容易出现热磨损失效。

（4）断裂失效　断裂失效是指材料本身的承载能力不足以抵抗工作载荷而出现的材料断裂，包括脆性断裂、韧性断裂、疲劳断裂和腐蚀断裂等。一般而言，热作模具的断裂与工作载荷过大、材料的热处理和选材不当，以及应力集中等几个方面有关，多发生在热挤压冲头及凸起部位根部等处。

（二）锤锻模的工作条件与失效形式

热锻模具是在高温下通过冲击力或压力使炽热的金属坯料成形的模具，包括锤锻模、压力机锻模、热镦模、精锻模和高速锻模等，其中锤锻模最具有代表性。

锤锻模在工作中受到高温、高压、高冲击负荷的作用，模具型腔与高温金属坯料（钢铁坯料为1000～1200℃）接触产生强烈的摩擦，使模具本身温度高达400～600℃；锻件取出后模具型腔还要用水、油或压缩空气冷却，如此反复加热和冷却，使模具表面产生较大的热应力。

锤锻模在使用过程中，主要的失效形式有模具型腔断裂、型腔的热疲劳、型腔的塑性变形及塌陷、型腔的磨损及燕尾开裂等。模具型腔断裂又可分为模具早期脆性断裂和机械疲劳断裂。

1. 模具早期脆性断裂

模具早期脆性断裂是模具在锻压次数较少时发生的，有的锻打几次就可能断裂。这种断裂也和其他断裂一样，首先形成裂纹源，当裂纹的尺寸达到失稳扩展的尺寸时，模具中的裂纹便迅速扩展，导致模具的断裂，因而是脆性的。早期脆性断裂的宏观断口特征是：从断裂源开始并呈人字花纹向外扩展，这种断口特征也是模具裂纹快速扩展的特征。

早期脆性断裂产生的原因主要有以下几个方面：

（1）模具的结构强度　由于设计不合理，某些部位的强度不够，如锤锻模的型腔厚薄不均、带有尖角结构等，尤其在燕尾处。这些部位因加工表面粗糙度值高和尺寸因素易产生较大的应力，成为产生早期脆断的裂纹源。

（2）锤锻模的冶金质量　由于锤锻模的尺寸较大，尤其是用钢锭直接加工成模块时，在模块中易存在铸造缺陷，如钢中存在缩孔、白点、疏松及非金属夹杂物等。这些缺陷往往就是裂纹源，当模具钢的断裂韧度较低时，易引起模具的早期脆断。

另外，模块经锻造后，其流线分布方向是否合理，也可能是产生脆断的一个原因。

（3）热处理质量　锤锻模热处理后质量的好坏取决于模块表面有无氧化脱碳、组织状况、硬度的高低、内应力等。在这些指标中，模块热处理后的硬度对模块的早期脆断影响很大。生产实践表明，如果模块热处理后硬度偏高，易产生早期脆断。模块硬度提高后，将降低钢的断裂韧度及冲击韧度，而这些指标降低后，将明显地增加脆断倾向。模块硬度提高后，又使模具的冷热疲劳抗力降低，这就使模具型腔表面过早地产生热疲劳裂纹。当钢的断裂韧度较低时，即使热疲劳裂纹的尺寸很小，也可能达到临界尺寸而迅速扩展，导致模具断裂。目前生产中的锤锻模早期脆断绝大多数是因模块热处理后硬度偏高所致。

模块热处理后的内应力大小也是不可忽视的因素。模块淬火后仅进行一次回火，无疑会增加模具脆断的可能性。还有淬火过热、模具型腔表面氧化与脱碳也会对模具的早期脆断有一定的促进作用。

（4）模具钢选择的合理性　锤锻模在很大的冲击载荷作用下工作，锤锻吨位越高，冲击载荷越大。吨位大的锤锻模应选择冲击韧度和断裂韧度高的钢。目前常用的材料有5CrMnMo及5CrNiMo。但对于某些要求高的锤锻模，常用的模具材料明显已经无法满足其工作要求。目前一些锻压厂开始转用HR815，HR815相对于5CrNiMo具有冲击韧度高的特点，适于制作在700℃左右工作温度下的压力机成形模，锤锻模镶块等。

（5）热应力作用　锤锻模在工作前应加热到一定的温度进行预热，如果预热不充分，使模具表面与心部之间产生较大的温差，将导致较大的热应力。

总之，导致锤锻模产生脆断的因素是多方面的，必须充分注意各种因素的影响。生产实践表明，热处理质量好坏对模具出现早期脆断的影响比其他因素要大。

2. 机械疲劳断裂

机械疲劳断裂是在锻压次数较多时出现的。机械疲劳裂纹一般由型腔表面产生，再逐渐向内扩展。

锤锻模的机械疲劳断裂是在应力循环次数较少的情况下发生的，多产生于燕尾与模体的过渡处。由于锤锻模的尺寸很大，对它进行解剖分析比较困难，因此，对这类断裂的研究甚少，一般认为模具机械疲劳断裂是由于模具钢的强度不足所致。

（三）热挤压模具的工作条件与失效形式

热挤压模具的工作条件相当繁重，既承受压缩应力和弯曲应力，脱模时还承受一定的拉应力，另外还受到冲击负荷的作用。模具与炽热金属接触时间较长，使其受热温度比热锻模更高，尤其是用于加工钢铁材料和难熔金属时，其工作温度高达600～800℃。

热挤压模具在生产中会因模具的冲击破裂、塑性变形、粘附及过早的磨损、热裂、细颈或拉断、压弯等现象出现早期失效，也会由于技术问题、氮化问题等造成模具损坏，同时还会因模具问题而造成压堵、间隙、扩口、并口等故障。热挤压模具的失效主要表现为磨损、开裂、变形三种通常的失效方式。

1. 磨损失效

在型材的挤压过程中，没有经过润滑加工的高温高压下的挤压材料通过模具型腔的开口部分，一面与定径带平面直接接触，一面滑动，从而产生很大的摩擦力，使型腔表面和定径带表面因受到磨损而失效。同时，模具在摩擦过程中，其工作表面上粘附了一些坯料金属，使得模具的几何形状发生变化而不能使用，也视为磨损失效，其表现形式为刃口钝化、棱角变圆、平面下陷、表面沟痕、剥落、粘模等。

磨损失效的根本原因是摩擦。模具磨损的具体形式与摩擦过程中的速度等诸多因素有关，如与模具材料和被加工坯料的化学成分及力学性能、模具和坯料的表面粗糙度，以及挤压过程中的压力、温度、速度等有关。热挤压模具的磨损主要是热磨损，热磨损是由于摩擦时，金属表面因温度升高而软化和模具型腔表面发生互相咬合所造成的。模具型腔表面经高温软化后，其耐磨性降低。热磨损过程十分复杂，其中温度是影响热磨损的主要因素，温度越高，热磨损越严重。

2. 开裂失效

在实际生产中，裂纹分布在模具的某些部位，它经过一定的服役期，萌生细小的裂纹，并逐渐向纵深扩展。裂纹扩展到一定尺寸后，将严重削弱模具的承载能力而引起断裂，或在原热处理和加工制造模具时已经产生微裂纹，模具在服役中裂纹容易扩展，从而发生早期裂纹。失效原因有：①设计方面，主要是模具强度设计及过渡处圆角半径的选择；②制造方面，主要是材质的预检和加工时表面粗糙度及损伤，以及热处理和表面处理质量的影响。在使用过程中，主要应注意模具预热、挤压比及锭坯温度的掌握，以及对挤压速度和金属变形流动的控制。

3. 变形失效

变形失效指模具在使用中出现悬臂偏心、下陷，分流模上模在使用中出现舌头偏心及下模出现型腔塌陷、型孔胀大、棱角倒塌等失效形式。主要原因有：①材料强度不高；②模具材料虽选择正确，但热处理工艺不正确，未充分发挥模具材料的强韧性；③分流模设计不当，使流速不均，造成对舌头的侧向力不均而产生偏心；④分流模虽然设计正确，但加工制造水平不高，使进入各分流孔的流速不均，造成侧向力不同而导致偏心。

4. 影响挤压模具寿命的因素

影响热挤压模具寿命的因素有很多，除了模具的结构设计与强度校核、模具材料、冷热加工与电加工工艺、热处理与表面处理工艺等内在因素的影响外，还有挤压工艺与使用条件、模具维护与修理，挤压产品材料特性与形状、规格，以及模具的科学管理等外在因素的影响。同时，影响因素不是单一作用的，而是一个复杂的多因素的综合性问题。要提高模具寿命，主要应从以下几方面考虑：

（1）合理设计热挤压模具　模具设计的合理性是延长其使用寿命的重要环节。正确的模具结构设计，应保证在正常的使用条件下没有产生冲击破裂和应力集中的可能。因此，在设计模具时应尽量使各部分受力均匀，注意避免尖角、内凹角、壁厚差悬殊、扁宽薄壁截面等，以免产生过大的应力集中，引起热处理变形、开裂和在使用过程中出现脆性破裂或早期热裂。同时，标准化设计有利于模具的互换、保管和维修。总的来说，合理的模具结构设计和可靠的强度校核，不断革新模具设计的理论和方法，采用电子计算机辅助设计等是改进热挤压模具设计和提高使用寿命的主要途径。

（2）热挤压模具材料的合理选择　热挤压模具在高温高压下作业，并承受周期载荷的作用，工作条件和环境十分恶劣，因此对模具材料的性能要求相当高。制造模具的材料应具有良好的热稳定性、热疲劳性、热耐磨性和足够的韧性。目前国内常采用的模具钢有4Cr5MoSiV1、H13和3Cr2W8V。3Cr2W8V的韧性低，疲劳强度不高，即便采用高温淬火等工艺处理也不能满足要求，模具的早期失效比较严重。新型钢种4Cr5MoSiV1、H13具有良好的淬透性、热强性、耐磨性和塑性，较高的耐冲击性及耐冷热疲劳性，热处理变形小，抗裂纹扩展性好，能改善挤压型材的表面粗糙度，易修模，高温综合性能良好。其组织中含有较多的铬、钼元素，氮化处理时能生成丰富且稳定的氮化物并弥散分布，因此逐渐取代了3Cr2W8V，成为挤压模具的首选材料。实践数据也证明，用4Cr5MoSiV1和3Cr2W8V制造同种模具，4Cr5MoSiV1的寿命比3Cr2W8V的寿命高3～5倍，已成为标准模具用材。当然，模具材料的选择也是一个很复杂的问题，涉及面很广，只有将研制新材料、提高材料本身质量与研究新型热处理工艺和表面强化处理工艺有机结合起来，才是提高模具寿命的有效途径。

（3）提高热处理和表面处理质量　热挤压模具的使用寿命在很大程度上取决于热处理质量，因此，先进的热处理方法和热处理工艺、强韧化处理和表面强化处理对提高模具的使用寿命尤为重要。严格控制热处理和表面强化工艺，防止热处理缺陷；调整淬火与回火工艺参数；增加预处理、稳定化处理和回火次数；注意温控、升温和冷却强度；采用新型淬火冷却介质，以及研究强韧化处理、各种表面强化处理的新工艺和新设备，都有利于模具使用寿命的提高。

（4）提高模具制造中的加工质量　在模具的加工过程中，常见的加工方法有机械加工、线切割加工、放电加工等。机械加工是模具加工过程中不可缺少的重要工序，它不但改变模具的外观尺寸，而且直接影响型材的质量及模具的使用寿命。线切割加工模孔是模具加工中广泛使用的工艺方法，它提高了加工效率和加工精度，但也带来一些特殊问题，如经线切割加工的模具，若不经过回火处理而直接用于生产，易产生掉渣、剥落等现象，将降低模具的使用寿命。因此，经线切割后的模具应充分回火，以改善表面拉应力状态，降低残留应力，提高模具的使用寿命。应力集中是模具断裂的主要原因，在图样设计允许的范围内，线切割丝直径越大越好，这不仅有利于提高加工效率，也可大大改善应力的分布状态，防止应力集中的发生。放电加工是由放电时所产生的材料汽化、熔融和加工液蒸发现象的叠加作用所进行的一种电腐蚀加工，它带来的问题是，由于加热、冷却的热作用和加工液的电化学作用，在加工部位形成变质层，从而产生应变和应力。在加工液为油的情况下，因油的燃烧而分解出的碳原子向被加工面扩散、渗碳，变质层在热应力提高的同时，还会因脆硬而产生裂纹，同时构成残留应力而依附在工件上，这将造成疲劳强度降低，加速断裂、应力腐蚀等现象。因此，在加工过程中，应尽量提高加工质量。

（5）改善工况和改进挤压工艺条件　热挤压模具的工作条件极差，环境十分恶劣，因此，改进热挤压工艺方法和工艺参数、改善工作条件与工作环境，对提高模具寿命十分有利。在挤压前，要认真拟订热挤压方案，选择最佳的设备系统与坯料规格，选择最佳的热挤压工艺参数（如挤压温度、挤压速度、挤压系数和挤压压力等），改善挤压时的工作环境（如采用水冷或氮气冷却、充分润滑等），减轻模具的工作负担（如降低挤压力、减少急冷急热和交变载荷等），建立与健全工艺操作规程和安全使用规程。

在实际生产和工作过程中，热挤压模具的使用寿命是一个综合性的技术问题，以上介绍的五个方面只是其中的主要部分。此外，模具的合理使用、维护及科学管理，对延长热挤压模具的使用寿命也至关重要。

（四）压铸模具的工作条件与失效形式

根据压铸材料的性质不同，压铸模具可分为锌合金压铸模、铝合金压铸模和铜合金压铸模。压铸模具工作时与高温的液态金属接触，不仅受热时间长，而且受热的温度比热锻模具要高（压铸金属时达400～6000℃，压铸钢铁材料时可达10000℃以上），同时承受很高的压力（20～120MPa），此外还要承受反复加热和冷却，以及金属液流的高速冲刷。

压铸模具的失效形式主要有以下几种：

1. 热疲劳裂纹

热疲劳裂纹是压铸模具最常见的失效形式，占压铸模具失效的60%～70%。由于在压铸过程中压铸模具反复经受急冷、急热所造成的热应力作用，导致在压铸模具型腔表面或内部的热应力集中处逐渐产生微裂纹，其形貌多数呈现网状，又称为龟裂，也有的呈放射状。在压铸模具表面浅层中的微裂纹一般可以修复；如果热疲劳裂纹深入基体内部，修模会导致压铸模具尺寸超差，或者由于压铸循环次数的增加，热应力使热疲劳裂纹继续扩展成宏观裂纹，从而导致压铸模具的失效。热疲劳裂纹是热循环应力、拉伸应力和塑性应变共同作用而产生的，塑性应变促进裂纹的形成，拉伸应力促进裂纹的扩展与延伸。因此，降低温度循环幅度、增加压铸模具材料的强韧性、形成表面压应力，均可推迟或延缓热疲劳裂纹的形成及扩展。从微观上分析，热疲劳裂纹往往在晶界碳化物、夹杂物集中区萌生，因此，钢质洁净、显微组织均匀的优质热作模具钢具有较高的热疲劳抗力。

2. 整体脆性开裂

整体脆性开裂是指由于偶然的机械过载或热过载而导致的压铸模具灾难性断裂。材料断裂时所达到的应力值一般都远低于材料的理论强度，由于微裂纹的存在，受力后将引起应力集中，使裂纹尖端处的应力比平均应力高得多。引起压铸模具脆性开裂的原因有很多，如压铸操作失常引起的机械过载、热冲击，因压铸模具设计不合理产生应力集中等。材料的塑韧性是与此现象相对应的最重要的力学性能，此外，模具钢中夹杂物的减少将使韧性明显提高。在实际生产中，整体脆断的情况较少发生。

3. 熔蚀或冲蚀

熔融的金属液以高压、高速进入型腔，对压铸模具成形零件的表面产生激烈的冲击和冲刷，造成形腔表面的机械冲蚀；高温使压铸模具硬度下降，导致型腔软化，产生塑性变形和早期磨损；此外，在填充过程中，高温金属液中的杂质和熔渣对压铸模具成形表面产生复杂的化学作用，导致化学腐蚀，熔融金属液逸出的气泡使型腔发生气蚀。这些机械和化学磨损综合作用的结果都在加速模具表面的腐蚀和裂纹的产生，因此，提高压铸模具材料的高温强度和化学稳定性有利于增强材料的耐侵蚀能力。

四、任务实施

1. 触头座热挤压模具的工作条件与失效形式分析

触头座的材料为 T2 纯铜，挤压温度为 350～510℃。挤压模具既承受压缩应力和弯曲应力，也承受一定的拉应力（脱模时承受一定的拉应力），另外还受到冲击负荷的作用。模具与炽热金属的接触时间较长。

根据以上分析，触头座挤压模具的主要失效形式是模腔过量塑性变形、开裂、热疲劳和热磨损。

2. 接线盒压铸模具的工作条件与失效形式分析

接线盒压铸件的材料为 ZL102，压铸温度一般为 650～700℃。压铸模具工作时与高温液态金属接触，不仅受热时间长，而且受热温度很高，同时承受很高的压力，此外还要承受反复加热和冷却，即模具型腔表面受到液态金属的冲刷、侵蚀、高温及急冷急热作用。

根据以上分析，接线盒压铸模具的主要失效形式是热疲劳开裂、热磨损和热熔蚀。

五、单元练习

（一）理论练习

1. 热作模具主要用于________和________。
2. 常见热作模具的失效形式主要有________、________、________、________。
3. 对于急冷急热反复、速度快的热压铸模、锻模等容易出现____________。
4. 模具型腔断裂分为__________、__________。
5. 模具裂纹快速扩展的特征是________________。
6. 热挤压模的失效主要表现为________、________、________三种正常失效方式。
7. 磨损失效的根本原因是____________________。
8. 由于压铸过程中压铸模________所造成的热应力，导致在压铸模型腔表面或内部________逐渐产生微裂纹，其形貌多数呈现网状，又称________，也有的呈放射状。

（二）实践训练

套管压铸件的形状及尺寸如图 2-5 所示，材料为 ZL102。铸件要求壁厚均匀，形状规则，内外表面光滑，无顶出痕迹及明显的浇道痕迹。铸件为中空细长锥形管件，其突出特点是细长中空，管身和内孔都有一定的锥度，且铸件两端分别有环形法兰，模具寿命 30 万件。

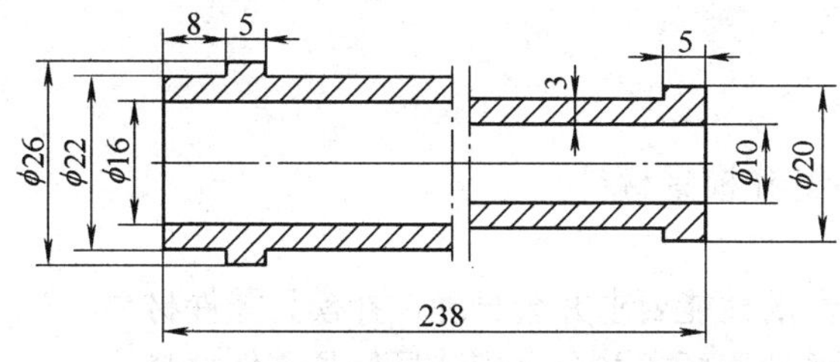

图 2-5　细长锥形套管

试分析图 2-6 所示的细长锥形套管压铸模具的工作条件与失效形式。

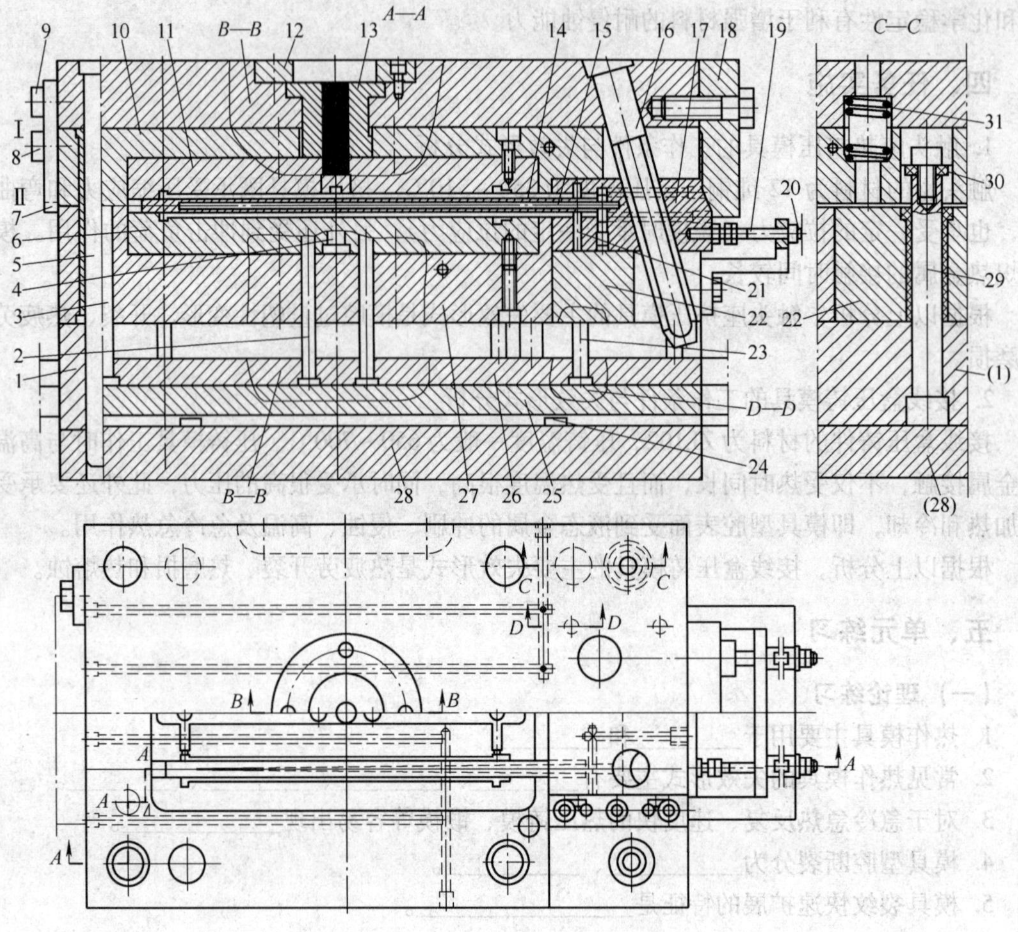

图 2-6　细长锥形套管压铸模具

1—垫块　2—推杆　3—复位杆　4—分流锥　5—导柱　6—动模镶块　7—限位板　8、9—螺钉　10—定模套板　11—定模镶块　12—压环　13—浇口套　14—型芯　15—隔水板　16—斜销　17—滑块　18—楔块　19—支撑杆　20—弹簧　21—销　22—滑块座板　23—推杆　24—限位钉　25—推板　26—推杆固定板　27—动模套板　28—动模座板　29—导柱　30—挡板　31—弹簧

单元二　热作模具的性能要求与材料选择

一、单元目标

终极目标：会选择热作模具材料。

促成目标：

1）了解热挤压模具的性能要求并会合理选择模具零件材料。

2）了解压铸模具的性能要求并会合理选择模具零件材料。

二、单元任务

1）分析图 2-2 所示高压开关触头座热挤压模具的性能要求，并会合理选择模具材料。

2）分析图2-4所示铝合金接线盒压铸模具的性能要求，并会合理选择模具材料。

三、任务导学

要完成本单元任务，需掌握以下知识：

1）热作模具钢的分类与特性。
2）常用热作模具钢的化学成分。
3）热作模具钢的性能要求。
4）常用国产热作模具钢的特性与用途。
5）常用进口热作模具钢的特性与用途。
6）热作模具工作零件材料的选用。
7）热作模具结构零件材料的选用。

（一）热作模具钢的分类与特性

热作模具钢发展很快，国内外新钢种也特别多，其分类方法尚未统一。已纳入GB/T 1299—2000《合金工具钢》的热作模具钢有12种牌号，都是模具工作部分（凹模和凸模）用钢。因此，这里所指的模具钢没有包括模座和其他模具构件用钢，所选用的模具钢为标准钢种和在实际生产中有较广泛应用和使用效果较好的新钢种。

热作模具钢通常按照化学成分、用途和性能这三种方法来分类。

（1）按钢的化学成分分类　包括低合金热作模具钢、钨系热作模具钢、铬系热作模具钢、铬钼钨系热作模具钢、奥氏体系热作模具钢、马氏体系热作模具钢。

（2）按钢的用途分类　包括锤锻模具钢、机锻模具钢、热挤压模具钢、压铸模具钢、热冲裁模具钢、特殊用途模具钢等。

（3）按钢的性能分类　包括低耐热高韧性热作模具钢、中耐热高热强性热作模具钢、高耐热高耐磨性热作模具钢、无磁模具钢、时效硬化模具钢。

上述三种热作模具钢分类方法之间的关系及所包括的钢种见表2-3。

表2-3　热作模具钢的分类

按用途分类	按性能分类	按化学成分分类	牌　号
锤锻模具钢	低耐热高韧性模具钢	低合金模具钢	5CrNiMo、5CrMnMo 4CrMnSiMoV、5Cr2NiMoV
机锻模具钢 热挤压模具钢 压铸模具钢	中耐热高热强性模具钢 高耐热高耐磨性模具钢	铬系模具钢 铬钨系模具钢 铬钼钨系模具钢	4Cr5MoSiV、4Cr5MoSiV1 4Cr5W2VSi 4Cr5Mo2MnV1Si 3Cr2W8V 5Cr4W5Mo2V 3Cr3Mo3W2V 5Cr4W2Mo2VSi 5Cr4Mo3SiMnVA1 4Cr3Mo2MnVNbB
热冲裁模具钢	低耐热高韧性模具钢 高耐热高耐磨性模具钢	铬系模具钢 钨系模具钢	8Cr3 3Cr2W8V

（续）

按用途分类	按性能分类	按化学成分分类	牌　　号
特殊用途模具钢	无磁模具钢 时效硬化模具钢	奥氏体系模具钢 马氏体系模具钢	7Mn10Cr8Ni10Mo3V2 5Mn15Cr8Ni5Mo3V2 7Mn15Cr2A13V2WMo 18Ni（300）、18Ni（250） 18Ni（350）

（二）常用热作模具钢的化学成分

热作模具钢中碳的质量分数一般为 0.3% ~0.6%，具有良好的强度、硬度和韧性，添加镍、钨、钼、铬、钒等合金元素，可以提高钢的淬透性和高温性能。

根据不同的合金元素含量，热作模具钢可以分为锻压模具用热作模具钢、钨钼系热作模具钢等。常用热作模具钢的牌号和化学成分见表 2-4。

表 2-4　常用热作模具钢的牌号和化学成分

牌　　号	化学成分（质量分数,%）									
	C	Si	Mn	P	S	Cr	W	Mo	V	其他
5CrMnMo	0.50 ~ 0.60	0.25 ~ 0.60	1.20 ~ 1.60	≤0.03	≤0.03	0.60 ~ 0.90	—	0.15 ~ 0.30		$w_{Ni}=1.4\sim1.8$
5CrNiMo	0.50 ~ 0.60	≤0.40	0.50 ~ 0.80	≤0.03	≤0.03	0.50 ~ 0.80		0.15 ~ 0.30		
3Cr2W8V	0.30 ~ 0.40	≤0.40	≤0.40	≤0.03	≤0.03	2.20 ~ 2.70	7.5 ~ 9.0		0.20 ~ 0.50	
5Cr4Mo3SiMnVAl	0.47 ~ 0.57	0.80 ~ 1.10	0.80 ~ 1.10	≤0.03	≤0.03	3.80 ~ 4.30		2.80 ~ 3.40	0.80 ~ 1.20	$w_{Al}=0.3\sim0.7$
3Cr3Mo3W2V	0.32 ~ 0.42	0.60 ~ 0.90	≤0.65	≤0.03	≤0.03	2.80 ~ 3.30	1.2 ~ 1.8	2.50 ~ 3.00	0.80 ~ 1.20	
5Cr4W5Mo2V	0.40 ~ 0.50	≤0.40	≤0.40	≤0.03	≤0.03	3.40 ~ 4.40	4.5 ~ 5.3	1.50 ~ 2.10	0.70 ~ 1.10	
8Cr3	0.75 ~ 0.85	≤0.40	≤0.40	≤0.03	≤0.03	3.20 ~ 3.80				
4CrMnSiMoV	0.35 ~ 0.45	0.80 ~ 1.10	0.80 ~ 1.10	≤0.03	≤0.03	1.30 ~ 1.50		0.40 ~ 0.60	0.20 ~ 0.40	$w_{Ni}=1.4\sim1.8$
4Cr3Mo3SiV	0.35 ~ 0.45	0.80 ~ 1.20	0.25 ~ 0.70	≤0.03	≤0.03	3.00 ~ 3.75		2.00 ~ 3.00	0.25 ~ 0.75	
4Cr5MoSiV	0.33 ~ 0.43	0.80 ~ 1.20	0.20 ~ 0.50	≤0.03	≤0.03	4.75 ~ 5.50		1.10 ~ 1.60	0.30 ~ 0.60	
4Cr5MoSiV1	0.32 ~ 0.45	0.80 ~ 1.20	0.20 ~ 0.50	≤0.03	≤0.03	4.75 ~ 5.50		1.10 ~ 1.75	0.80 ~ 1.20	
4Cr5W2VSi	0.32 ~ 0.42	0.80 ~ 1.20	≤0.40	≤0.03	≤0.03	4.50 ~ 5.50	1.6 ~ 2.4		0.6 ~ 1.00	
7Mn15Cr2Al3V2WMo	0.65 ~ 0.75	≤0.80	14.5 ~ 16.5	≤0.03	≤0.03	2.00 ~ 2.50	0.5 ~ 0.8	0.50 ~ 0.80	1.50 ~ 2.00	$w_{Al}=2.3\sim3.3$

（三）热作模具钢的性能要求

1. 使用性能要求

（1）高的热硬性、耐磨性及良好的韧性　热硬性是指模具材料在一定温度下保持硬度、组织稳定性及抗软化的能力，它也是高温耐磨性的重要保证。热作模具还要有高的强度和良好的韧性，否则容易开裂。

（2）高的热疲劳强度　热作模具的工作条件是反复受热受冷，在反复热应力作用下，模具表面会形成网状裂纹（龟裂），这种现象称为热疲劳。为了防止热疲劳裂纹，要求有高的热疲劳强度。

（3）良好的导热性　为了使模具在工作时不致积热过多，导致力学性能下降，就要尽可能地降低模具表面的温度。热作模具材料的工艺性能要求高，应减小模具内部的温度差，也要求模具材料具有良好的导热性。

2. 工艺性能要求

模具的加工费用约占普通模具成本的一半以上，模具材料的工艺性能好坏，直接关系到模具材料的推广和应用。

（1）锻造工艺性　钢的高温强度越低，断后伸长率越大，材料的锻造变形抗力越小，成形工艺性越好。

（2）淬火工艺性　热作模具一般尺寸较大，热锻模具尤其如此，为了使模具整个截面力学性能均匀，要求模具材料有高的淬透性、耐回火性等。

（3）切削工艺性　切削加工费用约占模具加工成本的90%，切削加工的难易程度直接影响钢种的推广采用。

表2-5是各种热作模具对材料性能的基本要求，表2-6是常用热作模具钢的性能比较。

表2-5　各种热作模具对材料性能的基本要求

热作模具种类	使用要求	热作模具种类	使用要求
热锻模具	硬度、耐冲击性、耐热疲劳性	精密模锻模具	高温强度、耐回火性、耐磨性、耐热疲劳性
热镦模具	耐热疲劳性	热辊轧模具	耐热疲劳性
热挤压模具	耐磨性、热硬性、耐热疲劳性	压铸模具	热硬性、高温强度、耐回火性、高温耐氧化性、耐冲击性
高速锻模具	韧性、硬度、耐热疲劳性		

表2-6　常用热作模具钢的性能比较

牌　号		使用硬度HRC	切削性	耐磨性	耐冲击性	淬火不变形性	淬硬深度	热硬性	脱碳敏感性
碳素工具钢	T7、T8	54～60	差	差	较好	较差	浅	差	大
	T9～T13	56～65	较差	较差	中等	较差	浅	差	大
合金工具钢	Cr12MoV	55～63	较好	好	差	好	深	较好	较小
	5CrMnMo	30～47	差	中等	中等	中等	中	较差	较大
	5CrNiMo	30～47	差	中等	较好	中等	中	较差	较大
	3Cr2W8V	45～54	较差	较好	中等	较好	深	较好	较小
	4Cr5MoSiV	40～54	差	较好	中等	较好	深	较差	中等

（续）

牌　　号		使用硬度HRC	切削性	耐磨性	耐冲击性	淬火不变形性	淬硬深度	热硬性	脱碳敏感性
合金工具钢	4Cr3Mo3W2V	44~54	差	较好	中等	较好	深	较好	中等
	3Cr3Mo3VNb	40~54	差	较好	中等	较好	深	较好	中等
	4Cr3W4Mo2VTiNb	48~56	较差	较好	中等	较好	深	较好	中等
	5Cr4W5Mo2V	50~56	较差	较好	较差	中等	深	较好	中等

（四）常用国产热作模具钢的特性与用途

常用国产热作模具钢的特性与用途见表2-7。

表2-7　常用国产热作模具钢的特性与用途

牌　　号	主要特性	硬度HRC	用　　途
5CrNiMo	合金元素含量较低，具有较高的淬透性和良好的韧性，耐磨性强，但容易出现白点	44~48	适于制作各种形状复杂、冲击载荷大、工作温度不太高、边长大于400mm的大中型锤锻模及热切边模
5CrMnMo	淬透性、耐热疲劳性稍差，其他性能都和5CrNiMo相似	44~48	适于制作边长不大于400mm的中型锤锻模及热切边模
5CrMnMoSiV	由于增加了合金元素，使耐回火性及淬透性增强，其使用寿命比上面两种材料有较大提高，但韧性不如5CrNiMo	44~49	适于制作中、小型锤锻模，但不适于制作大型锤锻模
3Cr2W8V	含有较多易形成碳化物的元素铬和钨，具有良好的淬透性，在高温下（600~700℃）具有较高的强度、硬度及热疲劳性能，但塑性较差	48~52	用作高温高压而冲击负荷不大的凸模和凹模，如压铸模、热挤压模、精锻模和非铁金属成形模等
4Cr5MoSiV（H11）	空冷硬化型热作模具钢，在中温下具有较好的热强性、高的耐磨性及良好的热疲劳性能，且热处理变形小	53~57	用作铝合金压铸模，热挤压模、穿孔用工具、芯轴、压力机锻模
4Cr5MoSiV1（H13） 4Cr5W2VSi	空冷硬化型热作模具钢，在较高温度（600℃）时具有较高的强度和硬度、高的耐磨性和韧性，并具有良好的热疲劳性	53~55	用作锤锻模、热挤压模及芯轴、压力机锻模、精锻机模及镶块，铝、铜合金压铸模、高速锤锻模
3Cr3Mo3VNb（HM3）	新型高强韧热作模具钢，含碳量较低，以增强导热性、提高冷热疲劳寿命，钼、钒、铌形成的碳化物因熔点较高，可细化晶粒，使钢的热强性升高	47~52	用作航空喷气发动机难变形合金及高温合金等的精密锻模
4Cr3Mo2MnVB（ER8）	空冷硬化型热作模具钢（H10改型钢种），具有更高的强韧性、抗冷热疲劳性、抗热振性及抗回火软化能力	42~48	用作铜、铝合金压铸模、大变形量的热挤压模、热拉深件的冲头
4Cr3Mo2MnVNbB（Y4）	新型热作模具钢，具有高的热强性，热稳定性，良好的韧性、导热性及工艺性	49~50	用作铜、铝合金压铸模，并可代替3Cr2W8V制造中、小型压力机锻模及热挤压模

（续）

牌　号	主要特性	硬度HRC	用　途
4Cr5Mo2MnVSi（Y10）	新型热作模具钢，其化学成分与H13相似，具有很好的淬透性，钼及钒对细化晶粒、提高淬透性和耐回火性有较大作用	50~51	用作电机端盖、照相机盒、汽车变速箱上盖等的铝合金压铸模
6Cr4Mo3Ni2WV（CG-2）	冷热兼用的基体钢，具有较宽的热处理工艺范围，无淬裂倾向，在较高温度下具有高的强度、韧性、耐磨性及热疲劳性	51~53	用作热冲裁模、热挤压模、高速锻模、精锻齿轮模及镶块等

（五）常用进口热作模具钢的特性与用途

1. DAC（SKD61）

DAC（SKD61）由日本日立公司生产，此钢具有良好的高温强度，韧性好，耐磨性较佳，易切削，耐热平衡性好。它可以使模具寿命更长、性能更稳定，且易于加工，热处理变形小，主要适用于热作模具，铝、镁、锌、铜合金的压铸模具、切槽刀。

2. 8407

8407由瑞典一胜百公司生产，此钢是采用特殊炼钢技术和最密质量控制得到的纯度高且组织微细的钢材。8407的等向性（各向同性）要比采用一般传统炼钢制得的H13更佳，对于模具的抗机械疲劳及热应力疲劳性能更具价值，如压铸模具、锻造模具及挤压模具等。采用8407的模具硬度可比普通H13提高1~2倍，而不会牺牲韧性。硬度高可以减缓断裂的发生，提高模具寿命。

8407主要用于各种金属压铸模具、挤压模具，还有高品质要求的塑料模具，如发动机模具，汽车车灯模具等。

3. W320

W320由奥地利百禄公司生产，此钢具有高温耐磨性，热强度高，抛光及切削容易，可表面氮化，可用火花加工。

W320主要用于各种热作模具，如压铸模、热合金或金属挤压模，射咀、射筒、热剪刀、塑料模。

4. 2344

2344由德国撒斯特公司生产，此钢抛光性能优良，易切削，韧性高。材料的纵向与横向强度一致，耐热性良好，主要用于铝、锌合金挤压模具。

5. KDA1S

KDA1S由日本高周波公司生产，此钢具有以下特性：

1）卓越的抗热龟裂性能。与SKD61相比，裂纹微细，且不易再发展。

2）热处理后卓越的切削性能。其切削性能优于SKD61约30%以上。

3）卓越的韧性。与SKD61相比，韧性可提高80%以上（T方向）。

4）卓越的抗热软化性。抗热软化性是SKD61的两倍，可保持长时间的高硬度。

KDA1S主要适用于压铸模具、热作锻造模具、高硬塑料模具及热作零件等。

6. F-H13

F-H13 由美国芬可乐公司生产，此钢中碳和钒的含量较高，具有高的淬透性和抗热裂能力，耐磨性好，韧性相对有所减弱，具有良好的耐热性，在较高温度时具有较高的强度和硬度，具有高的耐磨性和韧性、优良的综合力学性能和较高的耐回火性。

F-H13 主要用于制造冲击载荷大的锻模，热挤压模，精锻模，铝、铜及其合金压铸模。

7. STD61

STD61 由韩国昌原公司生产，此钢在铝、锌压铸模具方面的应用是最为广泛的。STD61 是一种有着很好的强度、韧性和耐热平衡性的热作模具钢。近年来，随着各向同性产品的开发，STD61 日益向高韧性等向性发展，它可以使模具寿命延长，性能更加优越。

STD61 一般用于压铸模具、锌压铸模具、铝压铸模具、塑料模具。

8. HDS-1

HDS-1 由韩国昌原公司生产，此钢具有良好的韧性、热均裂性及硬化性，具有极佳的高温强度、韧性及延展性，具有优良的淬透性、耐回火软化性能、加工性能及抛光性能，具有很好的抗热疲劳龟裂、热磨损及塑性变形性能。一般用于压铸模具、热挤压模具。

（六）热作模具工作零件材料的选用

选用热作模具材料应以能满足使用性能要求、充分发挥材料潜力及经济合理为原则。根据以上原则，经过多年的实践总结，表 2-8 列出了几种热作模具工作零件常用材料的选用。

表 2-8 几种热作模具工作零件常用材料的选用

零件名称			材料
热锻模	凸模镶块、凹模镶块		5CrNiMo、5CrMnMo、4CrMnSiMoV、3Cr2W8V
	整体凸凹模		8Cr3
热挤压模	凹模（整体模块或镶嵌模块）	挤压金属为钢、钛及镍合金（挤压温度 1100 ~ 1260℃）	4Cr5MoSiV1、4Cr5W2VSi、3Cr2W8V、4Cr4Mo2WVSi、5Cr4W5Mo2V、4Cr3W4Mo2VTiNb
		挤压金属为铜及铜合金（挤压温度 650 ~ 1000℃）	4Cr5MoSiV1、4Cr5W2VSi、3Cr2W8V、4Cr4Mo2WVSi、5Cr4W5Mo2V、4Cr3W4Mo2VTiNb
		挤压金属为铝、镁及其合金（挤压温度 350 ~ 510℃）	4Cr5MoSiV1、4Cr5W2VSi
压铸模	型腔镶块、型芯	压铸金属为锌合金	4Cr5MoSiV1、3Cr2W8V（3Cr2W8）、5CrNiMo、4CrW2Si
		压铸金属为铝、镁合金	4Cr5MoSiV1、3Cr2W8V（3Cr2W8）
		压铸金属为铜合金	3Cr2W8V（3Cr2W8）、3Cr2W5Co5MoV、4Cr3Mo3W2V、4Cr3Mo3SiV、4Cr5MoSiV1

（七）热作模具结构零件材料的选用

表 2-9 ~ 表 2-11 为几种热作模具的结构零件材料的选用。

表 2-9 热锻模结构零件材料的选用

零件名称		材料
螺旋压力机锻模	上、下模座	45 钢、40Cr T7
	套模	5CrMnMo、5CrNiMo、4SiMnMoV
	垫模	5CrMnMo、5CrNiMo、4SiMnMoV

（续）

零件名称		材料
螺旋压力机锻模	上、下压紧圈	20 钢
	上、下垫板	T7
	上、下顶杆	T7
	导柱、导套	T8
曲柄压力机锻模	锻件顶杆	3Cr2W8V、GCr15
镶块锻模	模体	ZG50Cr
铸钢堆焊锻模	模体	ZG45Mn

表 2-10　热挤压模结构零件材料的选用

挤压金属 / 模具名称	钢、钛及镍合金（挤压温度 1100～1260℃）	铜及铜合金（挤压温度 650～1000℃）	铝、镁及其合金（挤压温度 350～510℃）
	推荐选用的材料牌号		
模垫	4Cr5MoSiV1、4Cr5W2VSi	5CrMnMo、4Cr5MoSiV1、4Cr5W2VSi	5CrMnMo、4Cr5MoSiV1、4Cr5W2VSi
模座	4Cr5MoSiV	5CrMnMo、4Cr5MoSiV	5CrMnMo、4Cr5MoSiV
挤压垫	4Cr5MoSiV1、4Cr5W2VSi、3Cr2W8V、4Cr4Mo2WVSi、5Cr4W5Mo2V、4Cr3W4Mo2VTiNb		4Cr5MoSiV1、4Cr5W2VSi
挤压杆	5CrMnMo、4Cr5MoSiV、4Cr5MoSiV1		

表 2-11　压铸模结构零件材料的选用

零件名称	材料
浇道镶块、浇口套、分流锥等浇注系统	4Cr5MoSiV1、3Cr2W8V（3Cr2W8）
导柱、导套（斜销、弯销等）	T8A、T10A、GCr15
推杆	4Cr5MoSiV1、3Cr2W8V（3Cr2W8）
	T8A、T10A、GCr15
复位杆	T8A、T10A、GCr15
动模套板、定模套板、支承板、垫块、动模底板、定模底板、推板、推杆固定板	45 钢
	Q235

四、任务实施

1. 高压开关触头座热挤压模具性能要求与材料选择

通过对高压开关触头座热挤压模具工作条件及失效形式的分析，要求其模具用钢具有高的热稳定性、较高的高温强度和足够的韧性，以及良好的耐热疲劳性和高的耐磨性。

高压开关触头座热挤压模具材料选择见表 2-12。

表 2-12　高压开关触头座热挤压模具材料选择

零件号	零件名称	零件材料	零件号	零件名称	零件材料
1	上模板	45 钢	8	下模座	45 钢
2	上垫板	45 钢	9	下垫板	3Cr2W8V
3	固定板	5CrMnMo	10	下模板	45 钢
4	反挤压凸模	4Cr5MoSiV	11	顶件器	5CrMnMo
5	预应力圈	5CrMnMo	12	顶杆	5CrMnMo
6	凹模	4Cr5MoSiV	13	芯轴	5CrMnMo
7	支撑环	3Cr2W8V	14	正挤压凸模	4Cr5MoSiV

2. 铝合金接线盒压铸模具性能要求与材料选择

通过对铝合金接线盒压铸模具工作条件及失效形式的分析，要求其模具用钢应有较高的耐热性和良好的高温力学性能、优良的耐热疲劳性、高的导热性、良好的抗氧化性和耐蚀性，以及高的淬透性。

铝合金接线盒压铸模具材料选择见表 2-13。

表 2-13　铝合金接线盒压铸模具材料选择

零件号	零件名称	零件材料	零件号	零件名称	零件材料
1	螺钉	45 钢	16	斜销滑块	45 钢
2	推杆固定板	45 钢	17	活动型芯 Ⅰ	H13（4Cr5MoSiV1）
3	推杆	SKD61	18	活动型芯 Ⅱ	H13
4	推板	45 钢	19	动模镶块	H13
5	垫钉	45 钢	20	挡板	H13
6	螺钉	45 钢	21	定模镶块	H13
7	动模座板	45 钢	22	活动型芯连接块	H13
8	垫块	Q235	23	滑块	45 钢
9	支承板	45 钢	24	定模套板	45 钢
10	动模套板	45 钢	25	定模座板	45 钢
11	螺钉	45 钢	26	复位杆	SKD61
12	弹簧	SKD61	27	浇口套	H13
13	限位块	45 钢	28	导套	T8A
14	螺栓	45 钢	29	导柱	T8A
15	斜销	T10A			

五、单元练习

（一）理论练习

1. 热作模具钢的含碳量一般为________。

2. 热作模具钢中添加镍、钨、钼、铬、钒等合金元素，可以提高钢的________和________。

3. 热硬性是指模具材料在一定温度下保持________的能力。

4. 常用的进口热作模具钢有________、________、________、________等

5. 热挤压模具应具有良好的________、________、________性能等。

6. 常用的热作模具材料有________、________、________、________等。

7. 为了使热锻模具整个截面力学性能均匀，要求模具材料有高的________、________等。

8. 热作模具材料的工艺性能要求有________、________、________等。

（二）实践训练

分析图 2-6 所示细长锥形套管压铸模具的性能要求，并选择合适材料，完成表 2-14。

表 2-14　细长锥形套管压铸模具材料选择

零件号	零件名称	零件材料	零件号	零件名称	零件材料
1	垫块		17	滑块	
2	推杆		18	楔块	
3	复位杆		19	支撑杆	
4	分流锥		20	弹簧	
5	导柱		21	销	
6	动模镶块		22	滑块座板	
7	限位板		23	推杆	
8	螺钉		24	限位钉	
9	螺钉		25	推板	
10	定模套板		26	推杆固定板	
11	定模镶块		27	动模套板	
12	压环		28	动模座板	
13	浇口套		29	导柱	
14	型芯		30	挡板	
15	隔水板		31	弹簧	
16	斜销				

单元三　典型热作模具的热处理

一、单元目标

终极目标：会合理安排热作模具的热处理工艺。
促成目标：
1）了解热作模具零件的硬度要求。
2）会合理安排热作模具工作零件的热处理工艺。

二、单元任务

1）写出高压开关触头座热挤压模具各零件的硬度要求，并合理安排反挤压凸模的热处理工艺。

2）写出铝合金接线盒压铸模具各零件的硬度要求，并合理安排活动型芯 I 的热处理工艺。

三、任务导学

要完成本单元任务，需掌握以下两方面知识：

1）热作模具钢的一般热处理工艺。
2）模具钢的表面处理技术。

（一）热作模具钢的锻造和退火处理

由冶金厂供应的钢材，特别是大截面钢材，虽然已经过轧制和退火处理，但在钢中仍存在着许多纤维组织，使其性能呈现方向性。为了消除轧材组织的方向性，使其性能尽可能地均匀，并获得所需要的尺寸，必须进行充分锻造，即交替进行拔长、镦粗，至少两到三次。锻造工艺是指坯料改锻，如果是钢锭，则根据钢种的不同其加热和始锻温度可提高 20 ~ 30℃，终锻温度可提高 30 ~ 50℃。对于大型锻模，锻后必须先置于 600 ~ 650℃炉内，保温一段时间后，再缓冷至 150 ~ 200℃出炉空冷。模块经改锻后，为了消除应力、降低硬度、细化晶粒、改善组织和切削加工性能，必须进行适当的预备热处理，并为最终热处理做好组织准备。模块的预备热处理可采用完全退火、不完全退火、等温退火、球化退火等。一般低合金锻模钢，如 5CrNiMo、5CrMnMo、4SiMnMoV 等，采用完全退火作为预备处理，也可在随后的冷却中采用等温方法进行预备处理。

对于易产生白点的模具钢，开坯后应直接采用防止白点产生的退火工艺进行预备热处理，如图 2-7 所示。

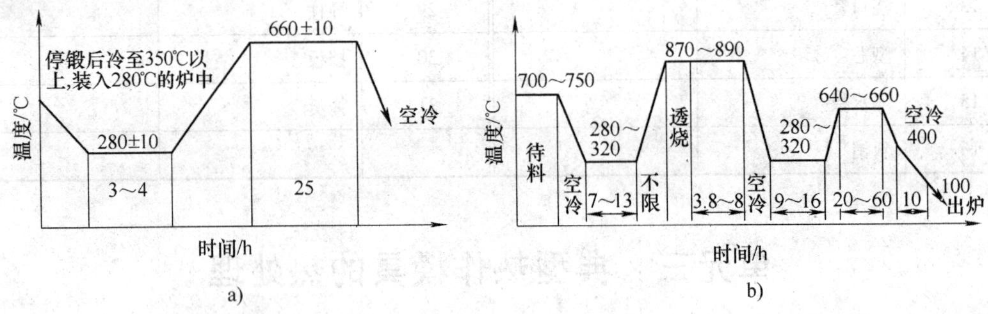

图 2-7　防止白点产生的退火工艺

a）5CrNiMo 钢防止白点的退火工艺　b）5CrMnSiMoV 钢的普通退火与防止白点退火工艺

对模膛尺寸精度要求较高的锻模，可采用退火后再进行一次调质处理的方法作为预备热处理。退火的保温时间以保证锻后组织中的珠光体（或者马氏体、贝氏体）实现奥氏体转变，并尽可能将易溶的不稳定硫化物、网状碳化物溶入基体中，使奥氏体均匀化为原则。对于小型模块，退火保温时间不得少于 2h；对于大型模块或堆放装炉时，应按实际装炉厚度计算，其计算公式为

$$t_E = bD$$

式中　t_E——退火保温时间（min）；

b——加热系数（1.5 ~ 2min/mm）；

D——有效厚度（mm）。

模块由于原材料成分、偏析及变形程度不一致，在个别情况下，碳化物呈网状、链状沿晶界分布，会影响模块的使用性能，可以对模块进行正火处理以改善碳化物的分布和尺寸大小。

（二）热作模具钢的淬火处理

锻模经初加工后必须进行最终热处理，以达到设计和使用要求。

1. 模具热处理设备的选用

模具钢大多数为合金钢，其淬火加热温度高，技术要求也高，因此，中、小型模块多选用具有保护功能的加热设备，如盐浴炉、可控气氛炉、真空炉等。对于小型精密模具，最好选用真空加热淬火炉；对于大型模具坯料的淬火加热，一般采用箱式电阻炉或井式电阻炉，此时应采取防氧化和脱碳的措施，可在模腔表面涂防氧化、脱碳涂料，而采用渗碳剂、木炭、铸铁屑及中性介质的装箱保护也很实用。900℃以下的加热一般采用敞口式装箱方法，如图2-8所示；1000℃以上的加热宜采用空心包保护加热，如图2-9所示。采用空心包保护加热时应注意：每次使用前都应检查铁包有无漏气；装入的保护剂要适量，以防模坯增碳而降低锻模的使用性能。

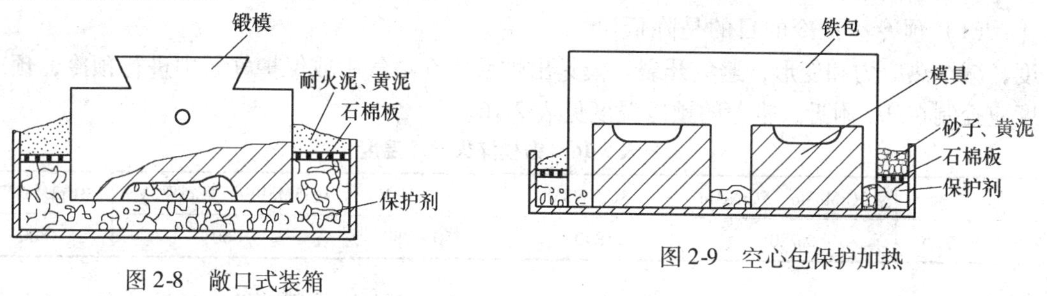

图2-8　敞口式装箱

图2-9　空心包保护加热

2. 模具钢的淬火加热及预热参数的选用

为了避免模坯在加热过程中产生过大的热应力，宜低温装炉并经充分预热后，再以80℃/h的速度升到加热温度。常用锻模钢的淬火预热及加热工艺参数见表2-15。

表2-15　常用锻模钢的淬火预热及加热工艺参数

牌　号	淬火预热		淬火加热			淬火冷却介质	硬度 HRC
	温度/℃	时间 /min·mm⁻¹	温度/℃	箱式炉时间	盐浴炉时间 /min·mm⁻¹		
4Cr5MoSiV	800~850	1.0~1.5	1000~1050	1.5~2.0	0.4~0.6	油	53~55
4Cr5W2VSi	800~850	1.0~1.5	1060~1080	1.5~2.0	0.4~0.6	油	56~58
3Cr3Mo3VNb	800~850	1.0~1.5	1050~1070	1.5~2.0	0.4~0.6	油	
4Cr3Mo3W2V	800~850	1.0~1.5	1050~1070	1.5~2.0	0.4~0.6	油	52~56
4CrMnSiMoV	600~650	0.6	870~890	1.2~1.8		油	56~58
4Cr4Mo2WVSi	800~850	1.0~1.5	1020~1040	1.5~2.0	0.4~0.6	油或空气	55~60
5Cr4W5Mo2V	800~850	1.0~1.6	1060~1130	1.5~2.0	0.4~0.6	油	58~59
5Cr2MnMo	600~650	0.5~1.0	880~920	1.0~1.5		油	58~62
5CrMnMo	600~650	0.6	830~860	1.0~1.5	0.3~0.5	油	53~58
5CrNiMo	600~650	0.6	850~870	1.0~1.5	0.3~0.5	油	53~58
3Cr2W8V	800~850	0.5~1.0	1050~1100	1.5~2.0	0.4~0.6	油	49~52
5SiMnMoV	600~650	0.6	840~870	1.0~1.5		油或水	≥56

锻模在淬火加热时，炉温、锻模表面温度和锻模中心温度有一定的差异，理论上的保温时间应是锻模中心达到指定温度前的均热扩散时间。在实际生产中，一般小型锻模采用炉温到达指定温度后开始计算保温时间的方法；大型锻模因受炉子的热容量、加热条件等因素影响，会使锻模达到指定温度的时间（均热时间）差异很大，应以锻模表面达到指定温度后开始计算保温时间，其工艺曲线如图 2-10 所示。

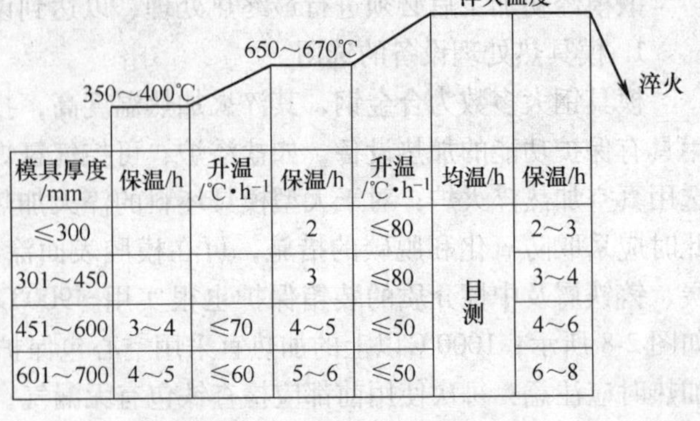

模具厚度/mm	保温/h	升温/℃·h⁻¹	保温/h	升温/℃·h⁻¹	均温/h	保温/h
≤300			2	≤80	目测	2～3
301～450			3	≤80		3～4
451～600	3～4	≤70	4～5	≤50		4～6
601～700	4～5	≤60	5～6	≤50		6～8

图 2-10　锻模淬火加热工艺曲线

3. 淬火冷却方法

（1）预冷　预冷的目的是降低温度，减少热应力和变形，避免开裂。模具出炉后应在空气中或保护气氛中进行预冷，预冷温度应控制在 Ar_3 附近，推荐的预冷温度见表 2-16。

表 2-16　锻模淬火预冷温度

牌　　号	5CrMnMo、5CrNiMo	3Cr2W8V	5SiMnMoV	4Cr5MoVSi、4Cr5W2VSi	3Cr3Mo3VNb
预冷温度/℃	780	840	750～780	880	800

（2）油冷淬火　锻模一般采用 10 号、20 号机械油或其他物理性能的油冷却。冷却槽中应装有循环冷却系统，最好设置机械搅拌装置，以利于模膛的冷却。锻模的出油温度应控制在 200℃左右（控制锻模出油后表面达到冒烟程度）；出油后继续在空气中冷却，以完成马氏体转变。锻模在油中冷却的参考时间见表 2-17。随着冷却槽冷却能力的不同，模具在油中的冷却时间会有所差异。

表 2-17　锻模在油中冷却的参考时间

锻模厚度/mm	<200	200～230	230～250	250～280	280～350	350～380	380～400	>400
冷却时间/min	15～20	20～25	25～30	30～35	40～50	50～55	55～60	>70

（3）分级淬火、等温淬火　对于尺寸较小、模膛形状很复杂的锻模，采用在盐浴中分级淬火、等温淬火的冷却方法可以减小锻模变形和避免开裂。分级淬火和等温淬火冷却后，再在空气中或油中冷却。常用冷却方法比较见表 2-18。

表 2-18　锻模几种常用冷却方法比较

冷却方法	适用范围	淬火冷却介质（质量分数）	介质温度/℃
空冷	马氏体钢锻模、小锻模	空气	室温
油冷	所有锻模	油	20～100
分级淬火、等温淬火冷却	小型复杂锻模	油	50～100
		（50%）KNO_3 +（50%）$NaNO_3$	160～500

（三）热作模具钢的回火处理

无论热作模具钢采用哪种冷却方法淬火，淬火后均应及时进行充分回火，其间隔时间不得超过 2h。锻模一般采用两次以上回火，第二次回火温度比第一次回火低 20～30℃。为了降低回火脆性，宜采用油冷，并补充一次低温回火，以消除回火油冷后的残留应力。回火温度应根据模具的使用硬度来确定。常用锻模钢的回火参数见表2-19，锻模钢的硬度与回火温度的关系见表2-20。

表2-19　常用锻模钢的回火参数

牌　号	淬火温度/℃	回火硬度 HRC	回火温度/℃	回火时间	回火次数	冷却方法
5CrMnMo	830～860	42～47	460～480	1.5～2min/mm	≥1	油冷或空冷
		39～44.5	490～500			
		34～39	500～520			
5CrNiMo	850～870	41～47	490～530	1.5～2min/mm	≥1	油冷或空冷
		38～42	540～580			
		34～39	580～620			
3Cr3Mo3VNb	1050～1070	≥50	550～570	≥2h	≥2	油冷
		47～50	570～600			
		42～47	600～630			
4Cr3Mo3W2V	1050～1070	48～52	600～620	≥2h	≥2	油冷
		38～44	650～660			
4CrMnSiMoV	870～890	40～44	600～620	1.5～2min/mm	≥1	油冷或空冷
3Cr2W8V	1050～1100	42～46	560～580	≤2h	≥2	油冷
		40～44	600～640			
5SiMnMoV	840～870	41～45	490～510	4～6h	≤1	空冷
4Cr5MoSiV	1000～1050	40～54	540～650	≥2h	≥2	油冷
4Cr5W2VSi	1060～1080	52～56	520～560	≥2h	≥2	油冷或空冷
		48～52	580～620			

表2-20　锻模钢的硬度与回火温度的关系

牌　号	硬度 HRC						回火时间/h	回火次数	冷却方式
	30～35	35～40	40～45	45～50	50～55	55～60			
	回火温度/℃								
5CrMnMo	540～600	520～560	480～500	440～480	300～400	200～300	≥2	>1	空冷
5CrNiMo	550～600	510～570	500～530	460～500	350～400	150～250	≥2	>1	
3Cr2W8V	600～700	630～660	600～650	550～600			>2	≥2	
8Cr3	560～600	540～560	510～540	460～490			>1	>1	
5SiMnMoV		580～600	450～540	400～420	380～420	180～250	>1	>1	
4Cr5MoSiV		670～690	650～670	530～560	500～520		>1	>1	
4Cr5W2VSi			620～640	600～630	580～610	540～500	≥2	>2	
4Cr5MoSiV1	640～600	620～640	590～610	560～580	480～510		>2	>2	
4Cr4Mo2WVSi				620～630	560～600		>2	>2	
5Cr4W5Mo2V				660～700	600～630		>2	>2	
4CrMnSiMoV		620～660	580～630	520～580			>2	1	
4Cr3Mo3W2V		680～700	640～660	610～630	550～600		>2	>2	
5Cr4Mo3SiMnVAl		680～700	660～680	650～660	620～640	550～600	>2	>2	
3Cr3MoVNb			640～600	480～580			≥2	≥2	

（四）模具钢的表面化学热处理

化学热处理能有效地提高模具表面的耐磨、耐蚀、抗咬合、抗氧化等性能，几乎所有化学热处理工艺均可用于模具钢的表面处理。化学热处理就是利用化学反应和物理冶金相结合的方法改变金属材料表面的化学成分和组织结构，从而使材料表面获得某种性能的工艺过程。

化学热处理一般由三个基本过程组成：

（1）活性原子的产生　通过化学反应产生活性原子，或借助一些物理方法使要渗入原子的能量增加，活性增加。

（2）材料表面吸收活性原子　活性原子首先被材料表面吸附，进而被表面吸收，此过程为一个物理过程。

（3）活性原子的扩散　材料表面吸收了大量活性原子，使得表面层活性原子的浓度大为提高，为渗入原子的扩散创造了条件。活性原子不断渗入表面层，经扩散就形成了一定深度的扩散层。

以上三个过程进行的程度都与温度和时间两个要素有关，因此，温度和时间是化学热处理过程中两个重要的工艺参数。下面介绍常用模具钢的表面化学热处理方法。

1. 渗碳

渗碳是为了解决钢件表面要求高硬度、高耐磨性而心部又要求较高的韧性这一矛盾而发展起来的工艺方法。渗碳就是将低碳钢工件放在增碳的活性介质中加热、保温，使碳原子渗入钢件表面，并向内部扩散形成一定碳浓度梯度的渗层。渗碳并不是最终目的，为了获得高硬度、高耐磨的表面及强韧的心部，渗碳后必须进行淬火加低温回火处理。

渗碳是一种历史悠久、应用相当广泛的化学热处理方法。迄今为止，渗碳或碳氮共渗仍然属于应用广泛的表面强化方法，由于其经济、可靠，今后仍将在热处理生产中占有主导地位。近年来又发展了高频渗碳、离子渗碳及真空渗碳等方法，后者克服了以往渗碳方法的不足，使表面活性化，可以大大缩短渗碳时间。

渗碳技术主要用于低碳钢模具零部件的表面强化，中高碳低合金和高合金模具钢也可以进行渗碳或碳氮共渗。高碳低合金钢渗碳或碳氮共渗时，应尽可能选取较低的加热温度和较短的保温时间，以保证表层有较多的未溶碳化物核心。渗碳和碳氮共渗后，表层碳化物呈颗粒状，碳化物总体积也有明显增加，可以增加钢的耐磨性。

中高碳高合金钢还可以进行高温渗碳，因为在高温奥氏体化时，在这类钢中仍能残留较多难溶的弥散碳化物。对这类含大量强碳化物形成元素的钢进行渗碳，使渗层沉淀出大量弥散合金碳化物的工艺称为CD渗碳法。对3Cr2W8V钢采取先渗碳，再经1140～1150℃淬火，550℃回火两次，表面硬度可达58～61HRC，用于非铁金属及其合金的压铸模具，使用寿命可提高1.8～3倍。6Cr4W3Mo2VNb等基体钢有高的强韧性，但其表面耐磨性常显不足，对这类钢制作的模具进行渗碳或碳氮共渗，可显著提高其使用寿命。

渗碳的优点如下：

1）可获得比高频感应淬火硬度更高、更耐磨的表层，以及韧性更好的心部，不受零件形状的限制。

2）与渗氮工艺相比具有渗层厚、可承受重负荷、工艺时间短的优越性。

但渗碳工艺过程烦琐，渗碳后还要进行淬火加回火处理，工件变形大，与高频感应淬火相比生产成本高，渗碳层的硬度和耐磨性不如渗氮层高。

渗碳工艺按渗碳介质可以分为气体渗碳、液体渗碳和固体渗碳。

（1）固体渗碳　固体渗碳是在固体渗碳介质中进行的渗碳过程，渗碳剂由两部分组成，即固体炭和催渗剂。固体炭可以是木炭，也可以是焦炭。碱金属或碱金属的碳酸盐可用作催渗剂，其醋酸盐有更好的催渗作用和活性。

固体渗碳的反应过程如下：

1）高温下渗碳剂发生分解

$$Na_2CO_3 \rightarrow Na_2O + CO_2$$

$$BaCO_3 \rightarrow BaO + CO_2$$

2）高温下分解出的 CO_2 与炽热的炭发生还原反应

$$CO_2 + C \rightarrow 2CO$$

3）CO 气体吸附在工件表面，在 Fe 的催化作用下发生渗碳反应

$$2CO \xrightarrow{(Fe)} C + CO_2$$

固体渗碳是在充满渗碳剂的密封钢制箱中进行的，一般采用箱式电炉加热渗碳箱。固体渗碳的优点是：无需专用渗碳设备，渗碳工艺简单，特别适用于没有专用渗碳设备、批量小、变化多样零件的条件；其缺点是渗碳过程质量控制困难，渗碳加热效率低，能源浪费大。

典型的固体渗碳工艺规范如图 2-11 所示。

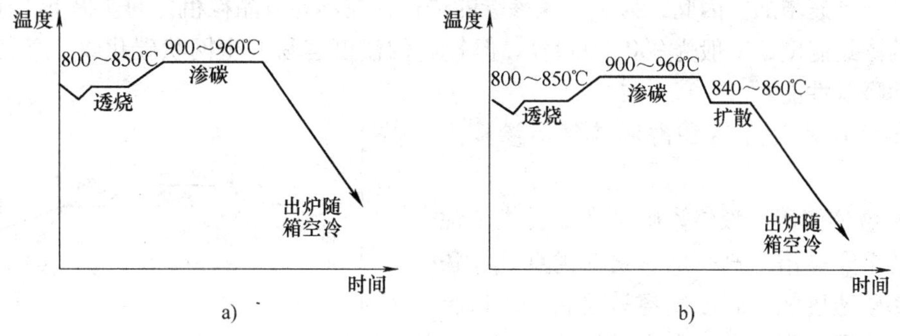

图 2-11　典型的固体渗碳工艺规范

a）一般渗碳工艺规范　b）分级渗碳工艺规范

在工艺规范中，800～850℃透烧的目的是减小靠箱壁工件与箱子心部工件温度的差别。透烧时间的长短取决于渗碳箱的大小。

渗碳保温时间取决于渗层的深度要求，在（930±10)℃温度范围内，一般渗碳速度为 0.10～0.15mm/h。根据要求的渗层深度就可大致估算出保温时间。

在分级渗碳工艺规范中，当渗碳层深度接近要求深度的下限值时，将炉温降低到 840～860℃保温一定时间进行扩散，使表面碳浓度降低，渗层加厚，这样可防止网状渗碳体的出现。对于本质细晶粒钢，可免去正火消除网状渗碳体的过程，渗碳后直接淬火。

固体渗碳的操作主要体现在使用试样来确定获得所要求渗层深度的出炉时间。在渗碳箱中放置两种试样，一种是插入箱内的 ϕ10mm 的钢棒，其材料与工件材料相同，在渗碳过程中可随时抽取检验；另一种试样是埋入箱中的，随件出炉，供渗碳处理后检查金相组织和硬度。为了能正确反映工件的渗碳效果，试样应靠近工件放置。

（2）气体渗碳　虽然固体渗碳有很多优点，如可以用各种形式的加热炉，不需要任何

控制气氛，对小批量和大工件比较经济，不需要特殊缓冷设备等，但它也有很多不利之处，如工作条件差，在要求较浅的渗碳层时不易控制渗碳层深度、碳含量及碳浓度梯度，需要直接淬火时操作比较困难等。为了消除这些缺点，改善工作条件，提高效率，常需要采用气体渗碳法。

将气体渗碳剂通入或滴入高温渗碳炉中，进行裂化分解，产生活性碳原子，然后渗入工件表面进行的渗碳就是气体渗碳。

常见的气体渗碳剂有两类：一类是碳氢化合物的有机液体，采用滴入法，即将液体渗碳剂（如煤油、苯、甲苯、丙酮等）滴入高温渗碳炉中；另一类是气体，可直接通入渗碳炉中，有天然气、丙烷及吸热式可控气氛。气体成分常随地区、时间而有所不同，较难控制，产品质量多不稳定。有机液体成分稳定，便于控制，但价格较贵。

气体渗碳的主要设备是渗碳炉，气体渗碳炉可以分为批量装入式和连续式两大类。批量装入式渗碳炉是把工件成批装入炉内，渗碳完毕后再成批出炉。连续式渗碳炉是把工件依次连续地从炉的一端送入炉中渗碳，而在渗碳完毕后从炉的另一端输出。气体渗碳工艺需要根据工件的钢种、形状、数量、渗碳层深度、渗碳层内碳的浓度及梯度等要求和现有设备条件来选择。影响渗碳层深度、浓度及梯度的主要因素除了钢种外，主要是渗碳气体的碳势、渗碳温度和渗碳时间。决定渗碳速度的基本因素是碳在奥氏体中的扩散速度，而扩散速度随温度的升高而迅速增加。因此，为了加速渗碳的进行，在不导致晶粒粗化的前提下，应采用尽可能高的渗碳温度，一般为900～950℃。但较高的温度容易产生网状碳化物，并使晶粒粗大，从而降低性能。

图2-12所示为煤油-甲醇滴控气体渗碳工艺规程。

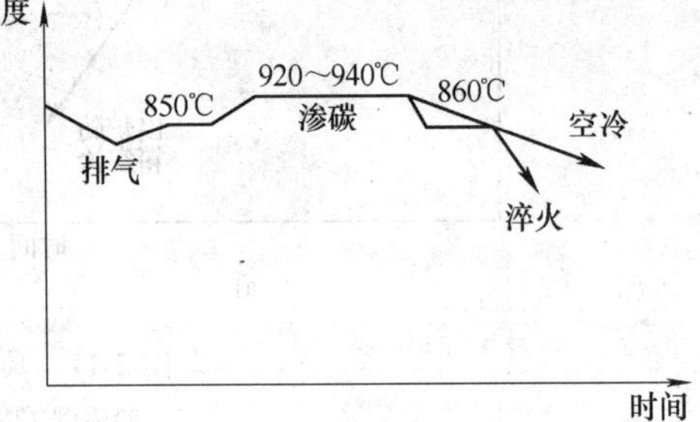

图2-12　煤油-甲醇滴控气体渗碳工艺规程

（3）液体渗碳　液体渗碳是在能提供活性碳原子的熔融盐浴中进行的。它的优点是设备简单、渗碳速度快、碳浓度容易控制等，适合于无专门渗碳专用设备、中小零件的小批量生产。

渗碳用盐浴通常由渗碳剂和中性盐组成，前者主要起渗碳作用，提供活性碳原子；后者主要起调节盐的相对密度、熔点和流动性的作用。最初的液体渗碳都是采用氰盐作为渗碳剂，由于氰盐有剧毒，容易造成环境污染和有害人体健康，我国已经很少采用，代之以无毒盐配方。例如“603”渗碳剂，组成（质量分数）为：NaCl5%，KCl10%，$Na_2CO_3$15%，$(NH_2)_2CO$ 20%，木炭粉（0.154mm，50%）。另一种渗碳剂组成（质量分数）为：木炭粉（60～100目）70%，NaCl 30%。

在盐浴配方确定的前提下，还要确定渗碳温度和时间。渗碳温度取决于工件的渗层厚度要求、零件是否易变形及精度要求等。如果渗层要求不深、工件易变形或对变形要求严格，可选择较低的渗碳温度（850～900℃）；如果工件要求渗层厚、又不易变形，则要选择较高的渗碳温度（910～950℃）。

配制渗碳盐浴时，应先将中性盐熔化，待要达到渗碳温度时，再将渗碳剂加入盐浴。渗碳剂加入盐浴时可能产生沸腾，此时应停止加热，待平静后再加热。随着渗碳过程的进行，渗碳剂不断消耗，盐浴的渗碳能力下降，此时应掏出一部分旧盐，并按比例添加一定量新盐。液体渗碳一般随工件放入三个试样，一个决定出炉时间，另外两个随工件出炉，用以测定渗层深度和金相组织。为了减少盐浴的挥发和辐射热损失，并减少空气中氧的侵入，可在盐浴上面覆盖石墨、炭粉、固体渗碳剂粉末。液体渗碳工件的热处理可采取以下方式：将工件移到等温槽中预冷，直接淬火，或工件在等温槽中预冷后空冷（目的是减少工件表面脱碳），然后重新加热淬火。

2. 渗氮

渗氮也称为氮化，是在一定温度下（一般在 Ac_1 以下）将活性氮原子渗入模具表面的化学热处理工艺。渗氮后模具的变形小，具有比渗碳更高的硬度，可以增加其耐磨性、疲劳强度、抗咬合性、耐蚀性及耐高温软化性等。渗氮工艺具有以下特点：

1）渗氮层形成温度低，一般为480～580℃，由于扩散速度慢，所以工艺时间长。

2）渗氮处理温度低，变形很小。

3）渗氮工件不需再进行热处理便具有较高的表面硬度（≥850HV）。

渗氮工艺包括气体渗氮和离子渗氮两种工艺。

（1）气体渗氮　气体渗氮工艺比较成熟，通常采用的介质为氨气。在渗氮温度下（400～600℃），当氨气与铁接触时就分解出氮原子，固溶于铁中，也可以产生氮分子及氢分子，化学表达式为

$$2NH_3 \rightarrow 3H_2 + 2[N]$$

$$2NH_3 \rightarrow 3H_2 + N_2$$

气体渗氮可根据产品情况（零件的形状、大小）选用RJJ系列井式电炉、RJX系列箱式电炉及钟罩式电炉。

1）气体渗氮工艺参数。渗氮温度、渗氮时间和氨分解率是气体渗氮的三个重要的工艺参数。它们对渗氮速度、渗层深度、渗层硬度、硬度梯度以及脆性都有极大影响。

渗氮温度的提高会促进氮原子的扩散，所以渗层深度会随温度的开高而加深，但渗层硬度会下降，这是因为高硬度的细小氮化物会随温度的升高而长大的缘故。在480～530℃渗氮时，渗层可获得很高的硬度。

随着时间的延长，渗层深度加深，但由于氮化物的聚集长大会使渗层硬度下降，温度高则更为明显。

氨分解率会影响钢件表面的吸氮能力，对渗层深度和硬度也有影响。氨分解率低时（10%～40%），分解出的活性氮原子多被钢件表面吸收；氨分解率超过70%时，由于气氛中有大量氢和氮的分子滞留在工件表面，阻碍了氮原子的吸收，反而使吸氮量下降。

2）典型渗氮工艺。

①一段渗氮法，也称为单程渗氮法、等温渗氮法，渗氮温度为480～530℃。

②二段渗氮法。二段渗氮法是将模具先在较低温度下（一般为490～530℃）渗氮一段时间，然后提高渗氮温度到535～550℃再渗氮一段时间。在渗氮的第一阶段，模具表面获得较高的氮浓度，并形成含有高弥散度、高硬度氮化物的渗氮层。在第二阶段，氮原子在钢中的扩散将加速进行，以迅速获得一定厚度的渗氮层。

二段渗氮法是目前生产中常采用的一种渗氮工艺，与一段渗氮法相比，其渗氮速度较快，渗层脆性较小，但硬度较低。

③三段渗氮法。三段渗氮法是在二段渗氮法的基础上改进的，即先将模具在490～520℃下渗氮，获得高渗氮浓度的表面；然后提高渗氮温度到550～600℃，加速渗氮速度；再将温度降低到520～540℃渗氮，提高渗氮层厚度。这种渗氮方法不仅能缩短渗氮时间，而且可以保证渗氮层的高硬度。

一些模具钢的渗氮工艺规范见表2-21。

表2-21　一些模具钢的渗氮工艺规范

牌　号	渗氮工艺				渗氮层深度/mm	表面硬度HV
	阶段	温度/℃	时间/h	氨分解率(%)		
38CrMoAlA	Ⅰ Ⅱ	510 540	12 42	20～40 50～60	0.5～0.7	950～1000
Cr12MoV	Ⅰ Ⅱ	480 530	18 25	14～27 30～60	≥0.2	700～800
40Cr	Ⅰ	490	24	15～35	0.2～0.3	≥600
4Cr5MoSiVl	Ⅰ	540	12	30～60	0.15～0.20	760～800
3Cr2W8V	Ⅰ Ⅱ	480 530	18 22	14～27 30～60	0.2～0.4	500～550

（2）离子渗氮　离子渗氮是辉光离子渗氮的简称，其方法是将待处理的模具零件放在真空容器中，充以一定压力（如70Pa）的含氮气体（氮气或氮、氢混合气），然后以被处理模具作阴极，以真空容器的罩壁作阳极，在阴、阳极之间加上400～600V的直流电压，阴阳极间便产生辉光放电，容器里的气体被电离，在空间产生大量的电子与离子。在电场的作用下，正离子冲向阴极，以很高的速度轰击模具表面，将模具加热。高能正离子冲入模具表面，获得电子，变成氮原子被模具表面吸收，并向内扩散形成氮化层，离子渗氮可提高模具的耐磨性和疲劳强度。

离子渗氮利用辉光放电这一物理现象并以此作为热源加热工件，它具有以下优点：

1）加速了渗氮过程，仅相当于气体渗氮周期的1/2～1/3。

2）离子渗氮的温度可比气体渗氮低，可在350～500℃下进行，工件变形小。

3）由于渗氮时气体稀薄，过程可控，使得渗层脆性小。

4）离子渗氮中有因离子轰击而产生的阴极溅射现象，可以清除工件表面的钝化膜，不锈钢和耐热钢表面不经处理可直接渗氮。

5）局部防渗简单易行，只要采取机械屏蔽即可。

6）经济性好，热利用率高，省电，省氨气。

离子渗氮存在的问题是：

1）工件温度的均匀性与测温的准确性尚待提高。

2）深层渗氮（>0.5mm）的生产周期与气体渗氮接近。

氮气虽然是一种作为保护性气体的惰性气体，但氮离子化后具有很大的活性，能够形成高硬度和耐腐蚀的氮化物，如TiN、Ti_2N、Cr_2N、VN等。在离子渗氮前必须进行去应力退火或回火处理，且不同的材料渗氮效果也不同，对于必须渗氮、不能渗氮或两者均可的部位要明确尺寸精度要求。

目前，离子渗氮已广泛应用于热锻模、冷挤压模、压铸模、塑料模等几乎所有模具，很好地解决了硬度、韧性、热疲劳性和耐磨性之间的矛盾。

3. 碳氮共渗

碳氮共渗是在渗碳和渗氮的基础上发展起来的一种化学热处理方法，它是将碳原子和氮原子同时渗入钢件表面的过程。由于早期的碳氮共渗是在含氰化物的盐浴中进行的，所以俗称“氰化”。与渗碳相比，碳氮共渗的处理温度低，渗后可直接淬火，工艺简单，晶粒不易长大、变形开裂倾向小，能源消耗少，渗层的耐疲劳性、耐磨性和耐回火性好；同时，生产周期大大缩短，材料适用范围广。

碳氮共渗兼有渗碳和渗氮的优点，主要包括以下几个方面：

1）渗层性能好。与渗碳相比，碳氮共渗层的硬度与渗碳层的硬度差不多，但其耐磨性、耐蚀性及耐疲劳性都比渗碳层高。碳氮共渗层一般比渗氮层厚，并且在一定温度下不形成化合物层，故比渗氮层抗压强度高，而脆性较低。

2）渗入速度快。在碳氮共渗的情况下，碳、氮原子互相促进渗入过程，在相同温度下，碳氮共渗速度比渗碳和渗氮都快，仅是渗氮时间的1/3～1/4。

3）模具变形小。碳氮共渗温度一般低于渗碳温度，又没有马氏体、奥氏体的组织转变，所以变形较小。

根据共渗介质的不同，碳氮共渗可以分为气体碳氮共渗、液体碳氮共渗和固体碳氮共渗。

固体碳氮共渗与固体渗碳相似，所不同的是在渗剂中加入了含氮物质。液体碳氮共渗是将模具等放入含有氰化物盐的盐浴中加热，虽然其时间短，效果好，但毒性大，应用较少。而采用无毒盐的液体碳氮共渗虽然其原料无毒，但反应产物仍然含有氰化物，容易造成环境污染，对人体有害，也不宜采用。应用最多是气体碳氮共渗。

气体碳氮共渗的共渗介质有三类：一是渗碳气加氨气，渗碳气可以用天然气、液化石油气、煤气等；二是液体渗碳剂加氨气，液体渗碳剂有煤油、苯等；三是含碳和氮的有机化合物液体，如三乙醇胺、尿素甲醇溶液加丙酮等。三乙醇胺是一种活性较强、无毒的共渗剂，但其黏度大，流动性差，可采用酒精按1∶1稀释后使用。

用45钢制造的切边模具经过碳氮共渗（图2-13）处理后的渗层厚度为0.95～1mm，表面硬度为927HV。其模具寿命与采用气体渗氮工艺处理的同种模具的寿命及工艺对比见表2-22。经过碳氮共渗后的45钢模具，其寿命可与Cr12MoV钢制造的模具相媲美。

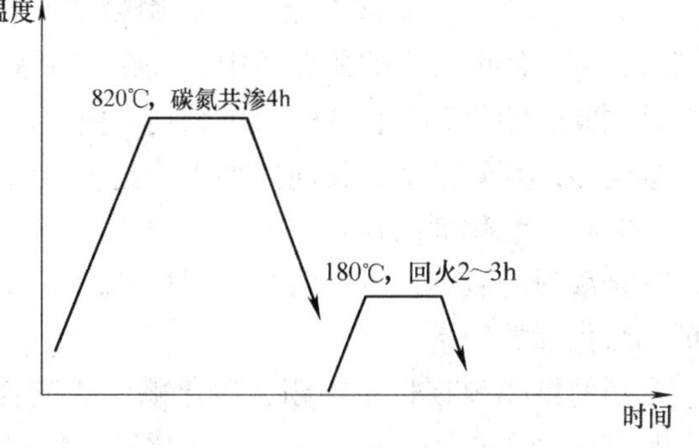

图2-13 模具钢碳氮共渗工艺

4. 氮碳共渗

氮碳共渗是在液体渗氮基础上发展起来的。早期氮碳共渗是在含氮化物的盐浴中进行的，由于处理温度低（一般为500～600℃），过程以渗氮为主，渗碳为辅，所以又称为“软氮化”。

表 2-22　模具碳氮共渗工艺及性能

模具材料	热处理工艺	渗层深度/mm	表面硬度 HV	平均寿命/件
Cr12MoV	1050℃淬火，560℃渗氮 3h，180℃回火 3h	0.10～0.12	1037	16000
45 钢	800℃碳氮共渗 4h，淬火，180℃回火 2～3h	0.50～0.60	941	16500
	820℃碳氮共渗 4h，淬火，180℃回火 2～3h	0.65～0.70	927	16000
	850℃碳氮共渗 4h，淬火，180℃回火 2～3h	0.95～1.0	882	12000
	580℃氮碳共渗 2h，900℃渗硼 4h，180℃回火 3h	0.09～0.10	1453	4400

氮碳共渗具有以下优点：

1）氮碳共渗层具有优良的性能，渗层硬度高（碳钢氮碳共渗处理后渗层硬度可达 570～680HV，模具钢、高速钢、渗氮钢氮碳共渗后硬度可达 850～1200HV），脆性低，有优良的耐磨性、耐疲劳性、抗咬合性、热稳定性和耐蚀性。

2）工艺温度低，且不淬火，工件变形小。

3）处理时间短，经济性好。

4）设备简单，工艺易掌握。

氮碳共渗存在的问题是渗层浅，承受重载荷零件不宜采用。

氮碳共渗也有气体、液体和固体三种工艺。固体氮碳共渗工艺较少应用，使用最多的是气体氮碳共渗工艺，尤其以尿素、甲酰胺、三乙醇胺为渗剂的气体氮碳共渗居多。目前国内外采用比较多的是低温气体氮碳共渗。

早期使用的液体氮碳共渗主要在氰盐和氰酸盐浴中进行。由于氰盐剧毒，公害严重，慢慢地被其他新研制出的渗剂取代了。

5. 渗硼

渗硼是继渗碳、渗氮之后发展起来的一项重要的、实用的化学热处理工艺技术，是提高钢件表面耐磨性的有效方法。将工件置于能产生活性硼的介质中，经过加热、保温，使硼原子渗入工件表面形成硼化物层的过程称为渗硼。金属零件经渗硼后，表面形成硼化物（FeB、Fe_2B、TiB_2、ZrB_2、VB_2、CrB_2）及碳化硼等硬度极高（1300～2000HV）的化合物，且热稳定好，渗硼层的耐磨性、耐蚀性、耐热性均比渗碳和渗氮高，可广泛用于模具表面强化，尤其适合在磨粒磨损条件下使用的模具。根据采用介质的不同，渗硼分为固体法、液体法和气体法三种。

（1）固体渗硼　固体渗硼主要是用粉末或粒状介质进行渗硼的化学热处理工艺。固体渗硼时，将工件埋入含硼的介质中，或在工件表面涂以含硼膏剂，装箱密封，加热保温。固体渗硼主要以碳化硼和硼铁作为供硼剂，由于此种供硼剂比较贵，目前常采用硼砂来取代硼铁和碳化硼，其效果基本相同。加入一定量的活化剂可以加速渗硼速度，降低渗硼温度，缩短渗硼时间。活化剂的作用是产生气态化合物，提高渗剂的活性。还要加入一定量的填充剂，它是渗剂的载体，可以防止渗剂烧结，起保持渗剂松散和还原性气氛的作用，以减少供硼剂和活化剂的用量。

常用的供硼剂有非晶质硼、碳化硼、硼铁合金、硼砂及硼酐。常用的活化剂有氟硼酸盐、氟化物、碳酸盐、硼氢化钾、氯化铵。常用的填充剂有碳化硅、炭及三氧化二铝。

粉末渗硼剂在处理工件时易与工件表面粘结，影响工件的表面质量，处理完工件后，渗剂易结块，影响渗剂的重复使用。粒状渗硼剂的出现克服了粉末渗剂的不足，所处理工件的表面光洁，渗剂松散，还可重复使用。膏剂渗硼是在粉末渗硼的基础上发展起来的，即将粉末渗硼剂加上粘结剂制成膏剂，涂在需要渗硼的工件表面，然后加热扩散。

渗硼工艺主要是控制温度与保温时间，其中温度是影响渗硼层质量的主要因素。渗硼温度一般在850~1000℃之间选择。

渗硼保温时间一般为3~5h，最长不超过6h。最有实用价值的渗硼层厚度为70~150μm。过长的渗硼保温时间不会使渗层深度明显增加，但会使基体晶粒长大，渗层脆性增加，渗层与基体的结合力减弱。

（2）液体渗硼　液体渗硼包括电解渗硼和盐浴渗硼。

电解渗硼是将工件浸入到熔融状态的硼砂浴中，用石墨或不锈钢作阳极，以工件作为阴极，以0.1~0.5A/cm^2的直流电在熔融的硼砂浴中进行电解渗硼。在电解渗硼过程中，阳极上将有氧气放出，阴极上所电解出的钠将与工件表面附近的氧化硼发生置换反应，置换出其中的硼，并使之沉积在工件表面，达到渗硼的目的。电解渗硼的效率高，可在较低温度下渗硼，渗硼剂价格低，渗层深度易于控制。

电解渗硼只适用于形状简单的零件，形状复杂的零件由于其各部分电流密度不同，会使渗硼层厚度不均匀。另外，熔融硼砂对坩埚腐蚀严重，坩埚寿命较短。

盐浴渗硼是国内应用较多的一种渗硼法，渗硼剂的组成以硼砂或碱金属的氯化物为主，加入碳化硅、硅钙、铝、硅铁、锰铁等还原剂。一般情况下，渗硼温度为850~950℃，时间为3~6h，应根据钢种及服役条件确定渗硼工艺规范。

在熔融硼砂中加入氯化钠、氯化钡或碳酸盐等助熔盐类，可使渗硼温度降至700~800℃。盐浴渗硼设备简单，操作方便，渗层组织容易控制，而且能处理形状较复杂的零件。但盐浴的活性差，工件清洗困难，坩埚寿命短，在大量生产中盐浴温度的均匀性、盐浴成分的均匀性均难以保证。

（3）气体渗硼　气体渗硼是将工件密封在渗硼罐内，加热至渗硼温度（可低至750℃，但渗层极薄；以在950℃为宜），并以氢气作为载流和稀释气体，将三氯化硼（BCl_3）渗硼剂通入罐内。在通入三氯化硼渗硼剂之前应先通入氢气10~15min，以驱除渗硼罐内的空气。

（4）多元共渗　模具的化学热处理不仅可以渗入碳、氮、硼等非金属元素，还可以渗入铬、铝、锌等金属元素。在钢的表面渗入金属元素后，使钢的表面形成渗入金属的合金，从而可提高其抗氧化、耐腐蚀等性能。含有多种元素的合金钢可以兼有多种性能，同样，在化学热处理中若向同一金属表面渗入多种元素，则在钢的表面可以具有多种优良的性能。将工件表层渗入多于一种元素的化学热处理工艺称为多元共渗。

由于各种模具的工作条件差异很大，只能根据模具工作零件的工作条件，经过分析和试验，找出最适宜的表面强化方法。当渗入单一元素的化学热处理不能满足模具寿命的要求时，可考虑多元共渗的方法。实践证明，适当的多元共渗方法对提高模具性能具有显著的效果。共渗层的组织不仅与基体材料、处理工艺有关，而且还与渗入元素的浓度比例有关。

（五）模具钢的其他表面处理技术

模具在工作中除了要求基体具有足够高的强度和韧性的合理配合外，其表面性能对模具的工作性能和使用寿命至关重要。表面性能包括耐磨损性能、耐蚀性、摩擦因数、疲劳性能等。通过表面处理技术可以提高模具的表面质量，延长模具的使用寿命。

1. 激光表面处理技术

激光表面处理技术是指将一定功率密度的激光束以一定的扫描速度照射到工件的工作表面上，在很短时间内，使被处理表面由于吸收激光的能量而急剧升温，当激光束移开时，被处理表面因基材自身传导而迅速冷却，使之发生物理和化学变化，从而形成具有一定性能的表面层，提高材料表面的硬度、强度、耐磨性、耐蚀性和高温性能等，可显著地改善产品的质量，提高模具（或工件）的寿命，取得良好的经济效益。

激光用于表面处理有其独特的优点，金属对激光的吸收系数高达 $10^5 \sim 10^6 cm^{-1}$，吸收过程发生在其表面 0.01 ~0.10μm 厚的薄层内。激光表面处理的深度取决于由表面向内部热扩散的距离，其值很小，且易于控制。激光光斑的功率密度大，可准确地引导至模具表面的不同部位，或在一定区域扫描。对工件表面作局部处理时，功率密度可准确控制，输入模具的能量小，模具的变形小，处理后表面可不再进行机加工或只需少量机加工。此外，激光没有化学污染，易于传输、切换和自动控制。

目前，国内激光热处理已经应用于生产实践。GCr15 钢制冲孔模经激光强化处理后，其使用寿命提高了两倍；硅钢片模具经处理后，使用寿命提高了 10 倍。

激光表面处理工艺包括相变硬化、熔凝、涂覆、合金化、非晶化和微晶化、冲击强化等。

（1）激光相变硬化　激光相变硬化也称为激光淬火，它是以高能量的激光束快速扫描工件，使工件表层迅速加热到奥氏体化温度，内部材料则保持冷态，随后通过热量向基体深处的传导，使加热表层以很快的速度冷却，得到极细的马氏体组织，其硬度主要取决于基材奥氏体的含碳量和晶粒度，达到自身淬火的目的。

激光相变硬化的主要目的是在工件表面有选择性地局部产生硬化带以减少磨损，以及通过在表面产生压应力来提高疲劳强度。

激光相变硬化的主要优点如下：

1）可得到优质淬硬层，其组织细化，硬度比常规淬火提高 15% ~20%。

2）加热速度极快，工艺周期短，生产效率高，无需淬火冷却介质，工艺过程易于控制。

3）对于孔状及腔筒内壁等特殊部位，只要激光束能照射到的地方均可进行处理，如深孔壁、深沟底及侧面等部位。

4）可进行大型零件的局部表面及形状复杂零件的硬化处理。

5）淬硬层深度可以精确控制。

6）热处理变形小。

激光对金属的加热速度极快，奥氏体相变是在过热度大的高温区很短时间内完成的，相变形核的临界半径小，使得奥氏体形核数增多。同时，瞬时加热后的急冷使超细奥氏体晶粒来不及长大，从而使得残留奥氏体量增加；碳来不及扩散使得残留奥氏体中的含碳量增加，随着奥氏体向马氏体的转变，得到高碳马氏体，从而提高了硬度。

金属材料表面对激光辐照能量的吸收能力与激光的波长、材料的温度和性质、材料表面状态密切相关。激光的波长越短，材料的吸光能力越强。随着温度的升高，材料的吸光能力也增强。材料的表面粗糙度值越小，其对激光的反射率越高。因而，当激光波长确定后，金属材料对激光的吸收能力主要取决于其表面状态。一般需激光热处理的金属材料表面都要经过机械加工，表面粗糙度值很小，为了提高金属表面对激光的吸收率，在激光热处理前要对材料表面进行预处理（常称为黑化处理），即在需要激光处理的金属表面涂上一层对激光有较强吸收能力的涂料，以提高光束能量的利用效率。表面预处理的方法包括表面磷化法、表面拉毛法、表面氧化法、喷（刷）涂料法、镀膜法等多种方法，其中较为常用的是磷化法和喷（刷）涂料法。常用的涂料有石墨、炭黑、磷酸锰、磷酸锌、水玻璃等，也有直接使用碳素墨汁和无光漆作为预处理涂料的。

在确定工艺参数时，首先要分析被加工对象的材料特性、使用条件、服役工况等，以确定技术条件、产品质量要求等，从而决定淬硬层的深度、宽度、硬度，由此考虑选用宽带、窄带、多模、单模及扫描形式等因素。

激光相变硬化工艺参数主要有三个，即激光器输出功率、光斑直径及扫描速度。

国内用于激光淬火的模具材料有 CrWMn、Cr12MoV、Cr12、9SiCr、3Cr2W8V、T10A、W6Mo5Cr4V2、W18Cr4V 等，这些钢种经激光淬火后的组织性能较常规热处理普遍改善。

（2）激光熔凝处理　激光熔凝处理是利用比激光淬火更高能量密度（$10^4 \sim 10^6 W/cm^2$）的激光束对金属表面进行扫描，使金属表层快速熔化，并造成熔化金属与基体之间很大的温度梯度；激光移开后，熔化金属快速冷却，但并不改变表层的化学成分。由于表层金属的加热和冷却都异常迅速，故所得的组织非常细密。若通过外部介质使表层熔化金属的冷却速度达到 10^6℃/s，则可抑制结晶过程的进行，而凝固成非晶态，称为激光熔化-非晶态处理，又称为激光上釉。

熔凝处理可以用来改善材料表面的耐磨性、疲劳强度和耐蚀性。某些模具钢在高速冷却结晶后，可以提高碳化物弥散度，改变合金元素及碳化物的分布，因而表面硬度和热稳定性都有所提高，从而可有效延长模具的使用寿命。如 Cr12 莱氏体钢和 Cr5Mo1V 钢经激光加热，表面熔化，然后超高速冷却，形成很细的铸态组织，使合金元素和碳化物分布均匀，提高了表面硬度。

（3）激光涂覆　激光涂覆是采用激光加热使材料表面层熔化，同时加入另外的材料成分一起熔化后迅速凝固形成新的合金层，在表面涂覆一层具有特殊物理、化学或力学性能的材料。涂覆材料受到基体材料极小的稀释，基体保持其原有成分及性质不变，同时涂覆层晶粒细小、致密，从而可提供良好的耐磨损、耐腐蚀能力。

激光涂覆通常有预置粉末法和喷射粉末法两种方法。预置粉末激光涂覆法是在激光处理前，将一定厚度的合金粉末层置于基体上，这是制造单道扫描涂层的最简单方法。预置粉末法对工件的形状、位置的适应性较差，而且不适宜通过多道扫描得到较大面积的涂层。因为第一次扫描已将邻近区域的粉末熔化或部分熔化，紧接着在邻近位置作第二道扫描时，已不存在完整的粉末层。由于基体被粉末层所覆盖，激光首先加热粉末。粉末的热导率很低，在粉末层全部熔化以前，由粉末层向基体的热传导可以忽略。粉末层完全熔化以后，激光才通过熔化了的合金层加热基体。一旦基体表面熔化，二者实现冶金结合。激光涂覆过程可以看做是由互相衔接的粉末熔化和基体加热两个步骤组成。

喷射粉末激光涂敷法是用惰性气体将粉末喷向激光和材料的作用区。在激光的作用下，涂层材料在基材上形成一个熔池，喷射出的粉末附在此熔池的表面并受热熔化。激光通过此熔池加热基体，直至其表层熔化，并和熔融的合金层实现冶金结合。与预置粉末法相比，喷射粉末法较为方便、实用，可适应各种形状、不同位置表面的涂覆，既可用于单道扫描涂覆，也可通过互相衔接的多道扫描实现较大面积的涂覆；同时，有利于提高激光能量的利用率。

激光涂覆法还可用于对一些失效的模具进行重新涂覆，然后继续使用。

(4) 激光合金化　激光合金化是在高能束激光（$10^4 \sim 10^6 W/cm^2$）作用下，将一种或多种合金元素与基材表面快速熔凝，从而使材料表层具有预定的高合金特性的技术，即利用激光改变金属及合金表面化学成分的技术。激光合金化与涂覆是同一种类型的工艺，它们的区别仅在于：合金化所形成的合金层的成分是介于施加合金与基体金属之间的某一中间成分，即施加合金受到较大或一定的稀释，而涂覆则是除了较窄的结合层外，施加材料基本保持原有成分，很少受到稀释。这些区别可以由被施加材料、施加材料成分、施加形式及量，以及激光工艺参数的改变来实现。

激光合金化与熔凝及涂覆之间有共同的特征，即在激光的作用下形成熔池。在表面张力梯度作用下，熔池内金属有剧烈的流动。激光表面合金化的一个重要问题是较易产生裂纹。在熔化合金带冷却固化时，其收缩受到基体的约束，在合金层中产生拉应力，而拉应力是裂纹和疲劳破坏的根源。激光合金化的裂纹通常是由枝晶完全凝固前的拉应力造成的，或者是后一次扫描的拉应力叠加到前一次扫描带的残留应力上，使总的应力超过了材料的抗拉强度造成的。预热是减小裂纹倾向的有效方法，也可以采用合金化后的热处理来消除其残留应力。

2. 电火花表面强化

电火花加工技术广泛应用于模具制造、复杂表面形状的零件加工和难切削材料的加工。电火花表面强化技术是利用电火花强化被加工金属表面的部位，它较其他方法简单，效果好，因而在实际生产中得到广泛应用。

电火花表面强化采用脉冲放电技术，直接利用火花放电时释放的能量，将一种导电材料涂覆或扩渗到另一种材料的表面，形成合金化的表面强化层，从而达到改善被强化工件表面性能的目的。电火花表面强化的优点是设备简单，操作方便，这项技术已在模具上获得应用，可强化压铸模、锻模等。用硬质合金强化冲模、拉深模、玻璃模等均获得良好效果。利用该工艺可有效改善工模具工作表面的物理和化学性能，提高工作面硬度，增强耐磨性，延长工模具的使用寿命，并可在保持基体金属原始性能的情况下修复表面破损。

电火花表面强化工艺的工作原理如图 2-14 所示，在工具电极与被强化金属零件（模具）之间接上直流（或交流）电源，在振动器作用下使工具电极与金属零件之间的放电间隙频繁发生变化，当工具电极与金属零件之间距离较大时，电源经过电阻对电容进行充电，与此同时工具电极在振动器作用下逐渐靠近金属零件；当两者之间的距离达到某一间隙值时，间隙中的空气被击穿，产生电火花放电，使工具电极端部与金属零件表面局部微区产生熔化甚至汽化；当工具电极在振动器作用下继续靠近并与金属零件接触时，电火花放电停止，在接触处流过短路电流，使该处继续加热熔化；工具电极继续向下移动并对金属零件熔化微区施加一定压力，使工具电极材料与金属零件熔化部分压合

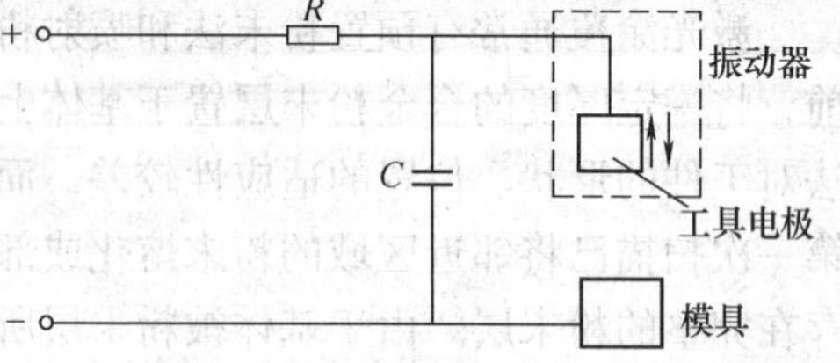

图 2-14　电火花表面强化工艺的工作原理

渗透，各种元素急剧扩散并形成金属或新的化合物熔渗层；随后，工具电极在振动器作用下离开金属零件，由于金属零件的热容大于工具电极的热容，金属零件放电部位急剧冷却后即形成具有不同组织结构的强化层。按上述方法进行多次充放电，并相应移动工具电极的位置，即可在金属零件表面形成具有要求性能的强化层。

电火花强化存在强化层薄，表面较粗糙，表层均匀性差等不足，因此，在电火花强化之后，为了得到所要求的精度，可进行适当的磨削加工，但磨削后并不会影响强化层的硬度和耐磨性（在保持表面层硬度的条件下）。磨削后在强化表面会残留微孔，将显著改善配合零件的润滑条件，另一方面又可改善耐磨性能。一般经电火花强化的模具，其使用寿命可延长数倍。例如，采用 WC、TiC 等硬质合金电极材料强化高速钢或合金工具钢，能形成显微硬度 1100HV 以上的耐磨、耐蚀和具有热硬性的强化层，使模具的使用寿命明显得到提高。如冲压硅钢片（厚 0.35 ~ 0.40mm）的落料模，经电火花强化后其使用寿命延长 2 ~ 3 倍，又如定子双槽冲模经强化后由 5 万次/刃磨提高到 20 万次/刃磨。

一些模具电火花强化前后的工作寿命比较见表 2-23，从表可见，经电火花强化后模具寿命提高了 1 ~ 3 倍。

表 2-23 一些模具电火花强化前后的工作寿命

模具名称	模具材料	被加工工件材料	强化前平均加工数/件	强化后平均加工数/件
压缩机阀片复合冲模	T8A、T10A、Cr12MoV	30CrMnSiA	300	1000
套筒扳手热压模	3Cr2W8V	40Cr	3000	4000
双槽冲模	Cr12	0.5mm 硅钢片	5000	15000

利用电火花表面强化工艺还可实现模具刻字、打标记、处理折断丝锥或钻头、加工不通孔等功能。选用硬质合金、铜等导电材料作为工具电极，可方便地在非铁金属表面上刻字和打标记，标记美观、耐磨，尤其适用于不能用刻字机、打标机进行加工操作的模具零件及淬火零件。利用电火花强化装置附加的穿孔器还可在淬火工件上加工不通孔，或处理折断在孔中的丝锥、钻头等。

3. 气相沉积技术

采用气相沉积技术在模具表面上制备硬质化合物涂层的方法，由于具有技术上的优越性及涂层的良好特性，成为对各种模具、切削工具和精密机械零件等进行表面强化的主要技术，有着广阔的应用前景。

根据沉积的机理不同，气相沉积可分为化学气相沉积（CVD）、物理气相沉积（PVD）和等离子体化学气相沉积（PCVD）等。它们的共同特点是将具有特殊性能的稳定化合物 TiC、TiN、SiN、Cr_7C_3、TiCN、TiAl、TiSiN 等直接沉积于金属工件表面，形成一层超硬覆盖膜，从而使工件具有高硬度、高耐磨性、高耐蚀性等一系列优异性能。

（1）化学气相沉积 化学气相沉积即 CVD 法，是指在一定的温度条件下，混合气体与基体表面相互作用，使混合气体中的某些成分分解，并在基体表面形成金属或化合物等的固态膜或镀层。CVD 法有两个关键因素，一是作为初始混合气体的气相与基体固相界面的作用，也就是说通过各种初始气体之间在界面上的反应来产生沉积，或是通过气相的一个组分与基体表面之间的反应来产生沉积；二是沉积反应必须在一定的能量激活条件下进行，一般情况下产生气相沉积的化学反应必须有足够高的温度作为激活条件，在有些情况下，可以采用等离子体或激光辅助作为激活条件，以降低沉积反应的温度。总之，化学气相沉积就是利用气态物质在固体表面上进行化学反应，生成固态沉积物的过程。

采用CVD法时，将工件置于有氢气保护的炉内，加热到高温（800℃以上），向炉内通入反应气体，使之在炉内热解，并化合成新的化合物沉积在工件表面。应用于模具时，覆膜厚度一般为6～10μm。在Cr12、W18Cr4V等钢制的20多种冷模具上用CVD法沉积一层TiC，其寿命可提高2.7倍，沉积TiN层的模具寿命则可提高1.2倍。在YG类硬质合金模具上涂覆TiC、Ti(CN)-TiN涂层，寿命可提高10多倍。但是，由于CVD法的处理温度高，会使基体硬度降低，同时处理后还需进行淬火处理，会产生较大变形，因此不适用于高精度模具。

CVD法具有以下特点：①可在大气或低于大气压下沉积金属、合金、陶瓷和化合物涂层；②能在形状复杂的基体上或颗粒材料上沉积涂层；③涂层的化学成分和结构较易准确控制，也可制备具有成分梯度的涂层；④涂层与基体的结合力高，设备简单操作方便。CVD法的处理温度一般为900～1200℃，工件被加热到如此高的温度会产生以下问题：

1）工件易变形，心部组织恶化、性能下降。

2）有脱碳现象，晶粒长大，残留奥氏体增多。

3）形成e相和复合碳化物。

4）处理后的母材必须进行淬火和回火。

5）不适用于低熔点的金属材料。

化学气相沉积TiN的设备原理如图2-15所示，将经清洗、脱脂和氨气还原处理后的模具工件置于充满H_2（体积分数为99.99%）的反应器中，加热到900～1100℃，再通入N_2（体积分数为99.99%），并同时带入气态$TiCl_4$（质量分数不低于99.00%）到反应器中，则在工件表面上发生如下化学反应

$$2TiCl_4(气)+N_2(气)+4H_2(气)\rightarrow 2TiN(固)+8HCl(气)$$

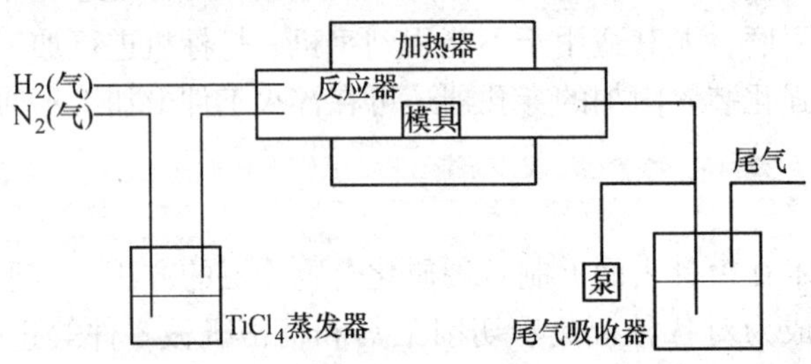

图2-15　化学气相沉积TiN的设备原理

固态TiN沉积在模具表面上形成TiN涂层，厚度可达3～10μm，副产品HCl气体则被吸收器排出。TiN沉积工艺参数的控制如下：

1）氮氢比对TiN的影响。一般情况下，氮氢体积比$V_{N_2}/V_{H_2}<1/2$时，随着N_2的增加，TiN沉积速率增加，涂层显微硬度增加；当$V_{N_2}/V_{H_2}\approx 1/2$时，沉积速率和硬度达到最大值；当$V_{N_2}/V_{H_2}>1/2$时，沉积速率和硬度逐渐下降。$V_{N_2}/V_{H_2}\approx 1/2$时所形成的TiN涂层均匀致密，晶粒细小，硬度最高，涂层成分接近于化学当量的TiN，而且与基体的结合牢固。因此，V_{N_2}/V_{H_2}要控制在1/2左右。

2）温度对TiN的影响。随着温度的升高，TiN沉积速率呈指数关系增加，而硬度是逐渐增加，在975℃时达到最大值，然后又随温度的升高而下降。在975℃时所沉积的TiN接

近于化学当量，其涂层细密，与基体结合牢固。而温度升到1050℃时，其TiN涂层为明显的针状组织。

3）$TiCl_4$ 含量对TiN的影响。随着 $TiCl_4$ 质量分数的增加，TiN沉积速度增加，在 $TiCl_4$ 质量分数为1.12%时，沉积速度达到最大值，而后随着 $TiCl_4$ 质量分数的增加，TiN沉积速度下降。一般情况下，随着 $TiCl_4$ 质量分数的增加，TiN的硬度逐步下降。

采用化学气相沉积处理时应注意以下问题：

1）要考虑模具锐角部分的凸起变形。由于涂层与基体的线胀系数不同，模具棱角处容易产生应力集中，基材会被挤出而形成凸起。解决方法是：将锐角处加工成圆弧状，或是估计凸起变形量的大小，预先加工成锥形。

2）CVD沉积温度高而带来的尺寸和形状变形。其变形程度取决于所选用的材料、形状、沉积温度、涂层厚度及预备热处理等。在CVD处理过程中，尺寸变形小的材料是硬质合金及含铬高的不锈钢系合金。冲压加工领域使用的模具材料主要限于合金工具钢、冷作模具钢（Cr12MoV）、硬质合金等。快冷淬透钢由于快冷时容易产生翘曲、扭曲等变形，所以不宜进行CVD处理；而高速钢是热处理膨胀较大的钢种，使用时必须充分估计其膨胀变形量。

3）模具形状和尺寸的变化。圆形模具材料可以不必仔细考虑，而对于平板状模具，其尺寸变形随材料的种类而不同。Cr12MoV钢的尺寸变形量很小，完全可以适用于精密模具，但其尺寸变形量还依赖于压延方向，因此为了减小尺寸变形，必须注意材料的取向。模具越小，尺寸变形越小，而且不易产生变形，但最佳模具尺寸因材料而异。为了使材料组织均匀化，采用预备热处理（调质处理），可以减少CVD处理过程中的变形。

（2）物理气相沉积　物理气相沉积即PVD法，是指在真空条件下，用物理方法将材料汽化成原子、分子或使其电离成离子，并通过气相过程在材料或工件表面沉积一层具有某些特殊性能的薄膜技术。

所有PVD法的工艺过程均可以分为三步：第一步是成膜材料的汽化，即成膜材料的蒸发、升华、被溅射、分解，也就是成膜材料的源；第二步为成膜原子、分子或离子从源到基片的迁移过程，在这一过程中粒子间可能发生碰撞，产生离化、复合、反应、能量的变化和运动方向的改变等一系列复杂过程；第三步是成膜原子在基片表面的吸附、堆集、形核和长大成膜。

PVD法的特点之一是沉积温度低于600℃，它可在工具钢和模具钢的高温回火温度以下进行表面处理，故变形小，最适合尺寸形状精密的模具。该方法可不改变传统制造工艺，仅在最终加工后进行一次处理，但处理温度一旦低于360℃时，沉积层性能就会恶化，所以不能用于低温回火材料。

PVD法的主要问题是：涂层与基体间的结合强度较低，对于冷作模具，由于沉积层发生早期剥离而会导致无效；另外由于涂镀性能不好，还存在着难以适用于复杂形状模具的问题，必须进行装置上的一些改进，如采用多个蒸发源和使被处理零件围绕蒸发源旋转等措施。

采用PVD工艺应注意以下事项：

1）蒸发物质难以沉积到形状复杂的凹槽、窄沟及小孔处，绕镀性差，因此PVD法不适合于有小孔、凹槽等复杂形状的模具。

2）若在基体表面上有氧化、腐蚀等变质层，将得不到结合力良好的涂层，因此工件必须有洁净的表面。

3）沉积温度在200℃左右形成的涂层非常脆弱，结合力很差而不耐用，因此为了形成牢固的涂层，必须使沉积温度在360℃以上。

4）在正常处理条件下，涂层结合力还与基体材料强度有关，如果在低压强滑动条件下工作，要求提高耐磨性、耐烧伤性和脱模性，基体硬度为30HRC已足够；而工作压强达到500MPa时，基体材料硬度需提高到50HRC。

在模具表面沉积一层TiN薄膜后具有高的硬度和耐磨性、较小的摩擦因数、较好的抗黏着性和抗咬合性，模具寿命可明显提高。在冲孔模上进行TiN涂层处理，冲头的寿命可提高5倍；对3Cr2W8V钢模具处理后寿命可提高3~4倍；Cr12MoV钢精冲模经PVD法处理可获得3~5μm涂层，其寿命从1万~3万次可提高到10万次以上。

PVD技术的主要方法有真空蒸镀、溅射镀膜和离子镀膜。目前，在模具的强化方面，阴极溅射法和离子镀法应用较多。

1）真空蒸镀。真空蒸镀是在真空条件下加热成膜材料，使其蒸发汽化成原子或分子，并沉积到工件表面形成薄膜的方法。相对于后来发展起来的溅射镀膜、离子镀膜技术，真空蒸镀的设备简单可靠，价格便宜，工艺容易掌握，可进行大规模生产。

蒸发源一般由被蒸发材料的载体、发热体或能量输入装置构成。根据能量输入方式不同，将蒸发源分为电阻蒸发加热源、电子束蒸发源、高频感应加热蒸发源及辐射加热蒸发源等。

电阻蒸发加热源真空蒸镀设备如图2-16所示，被沉积的材料置于装有加热系统的蒸发源坩埚中，被镀工件位于蒸发源前面。当真空度达到0.13MPa时，加热坩埚使材料蒸发，所产生的蒸气以凝聚形式沉积在工件上，形成一层薄膜。

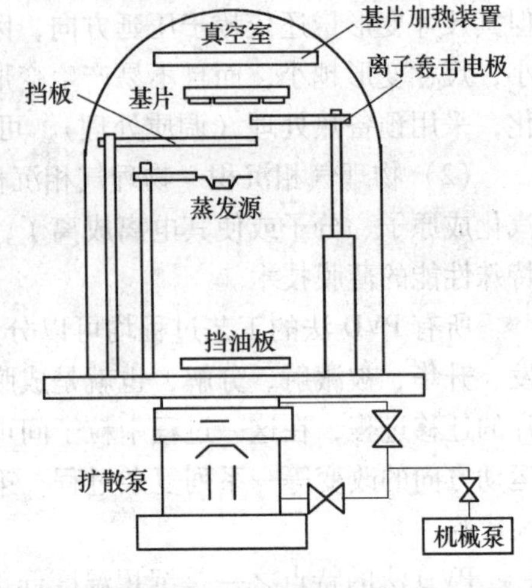

图2-16　电阻蒸发加热源真空蒸镀设备示意图

一般来说，单位面积蒸发物质的质量符合Langmuir式，蒸发速度用下式表示

$$a_u = 5.85 \times 10^2 p_{sT} \left(\frac{M_D}{T}\right)^{\frac{1}{2}}$$

式中　p_{sT}——温度T(K)时的饱和蒸气压；

M_D——物质的摩尔质量。

在实际蒸镀中，a_u的值必须在10^{-2} ~ 10^{-5} g/(cm^2·s)之间。

从晶体学角度观察，蒸发镀膜薄膜结构可以分为无定形结构、多晶结构和单晶结构。无定形结构的原子排列近程有序，最小结构单元无规则排列在一起，其尺寸小于2μm，X射线衍射图呈弥散或严重弥散分布，无晶体材料特性。高熔点金属及其化合物材料薄膜，如硅、锗的化合物膜在一定条件下可形成无定形结构。多晶结构薄膜由无规则取向的微晶粒组成，晶粒尺寸大致为10~100mm，一般工艺条件下形成的薄膜为多晶结构。单晶结构薄膜通常采用外延技术，或在较高温度下在单晶衬底上形成。

晶粒尺寸小，晶粒堆积密度高，结晶缺陷密度高，一般表现为膜的硬度高，薄膜与衬底表面间的附着力好，化学性能稳定。

真空蒸镀基本工艺流程如图2-17所示。

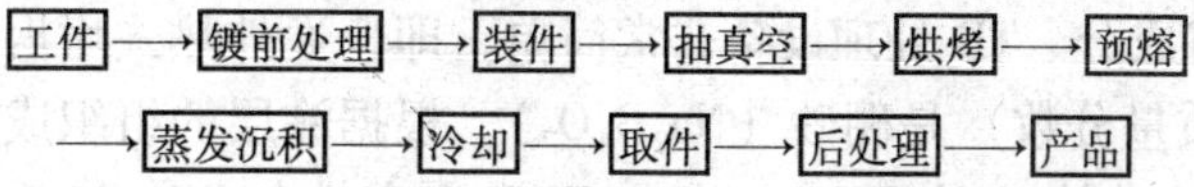

工件 → 镀前处理 → 装件 → 抽真空 → 烘烤 → 预熔 → 蒸发沉积 → 冷却 → 取件 → 后处理 → 产品

图 2-17　真空蒸镀基本工艺流程

2）溅射镀膜。溅射镀膜是在一定的充满氩气的真空条件下，采用辉光放电技术，将氮气电离产生氩离子，氩离子在电场力的作用下加速轰击阴极，使阴极材料被溅射下来沉积到工件表面形成膜层的方法。

溅射镀膜时，薄膜的生长基本过程与蒸发镀膜相同。因溅射离子能量大，在轰击衬底和薄膜时增加了成核密度，原子表面迁移率及体扩散增大，薄膜性能得到改善。具体的溅射工艺有很多，如阴极溅射、磁控溅射、射频溅射、反应溅射等。

溅射镀膜设备通常由镀膜室、真空抽气系统和电控系统等部分组成。镀膜室内设有溅射靶、工件架及转动机构、挡板和膜厚测量装置等。溅射镀膜设备的结构及镀膜室内部装置的设置和真空蒸发镀膜相似，只是用溅射源代替了蒸发源。由于溅射源与蒸发源不同，溅射镀膜设备在某些方面具有自己的特点。

溅射镀膜设备的真空抽气系统一般采用机械泵和扩散泵高真空抽气系统，主要目的是为了在溅射镀膜前将真空室抽至高真空，将真空室吸附的气体尽可能排除干净，减少残余气体对膜层的影响。

另有一部分溅射镀膜设备的真空抽气系统采用机械泵和机械增压泵，这种真空抽气系统主要用于真空室残余气体对膜层质量影响不大而又要求较高生产效率的设备中。

溅射镀膜设备由于溅射靶可以在真空室的任意位置设置，如侧置或倒置，且其为大平面源，所以，工件架及转动机构的设置比较简单和灵活。溅射靶是溅射镀膜设备的核心，不同的溅射类型、不同的溅射靶结构适用于不同的产品用途和要求。

溅射镀膜的基本工艺流程如图 2-18 所示。

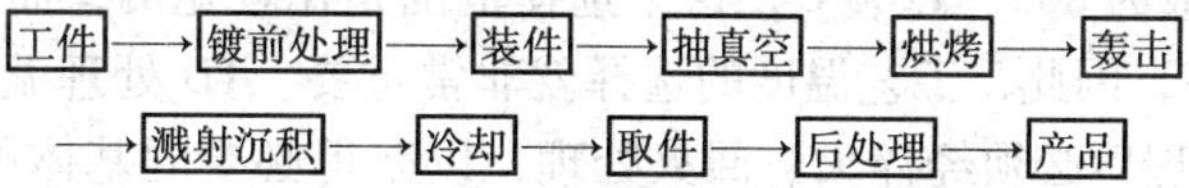

工件 → 镀前处理 → 装件 → 抽真空 → 烘烤 → 轰击 → 溅射沉积 → 冷却 → 取件 → 后处理 → 产品

图 2-18　溅射镀膜的基本工艺流程

4. TD 处理技术

TD 处理（Toyota Diffusion Coating Process）技术是由日本丰田中央研究所开发的，因此也称为丰田扩散法，是用熔盐浸镀法、电解法及粉末法进行表面强化处理技术的总称。过去有些文献将 TD 处理称为渗金属处理，而实际应用最为广泛的是用熔化浸镀法（或称为熔盐浸渍法、盐浴沉积法）在模具表面形成 VC、NbC、$Cr_{23}C_6$、Cr_7C_3 等碳化物超硬层。经 TD 法处理的模具表面形成 5 ~ 15μm 厚的 VC 等薄膜，可显著提高模具表面的硬度、耐磨性、抗黏着性和耐蚀性等，从而大大提高了模具的使用寿命。

一般来说，采用 TD 处理与采用 CVD、PVD 等方法进行的表面硬化处理效果相近似，但由于 TD 处理法具有设备简单、操作方便、成本低廉等优点，所以是一种很有发展前途的表面强化处理技术。TD 处理在国外应用已相当普遍，但在国内报道并不多见。

目前，TD 处理已在各类冲模、锻模、拉丝模等模具中得到了应用。但是，由于 TD 处理的温度高达 1000℃，所以材质受到限制。同时，因 TD 处理变形较大，不适合高精度模具，而且 VC 薄膜的耐热、耐氧化、耐烧结性都比氮化物差。

(1) 设备及盐浴成分　TD 处理设备非常简单，即普通外热式坩埚盐浴炉。所用盐浴成分中 70% ~90%（质量分数）是硼砂（$Na_2B_4O_7$），根据涂层的组织成分要求，再加入能形成不同碳化物的物质。例如，涂覆 VC 时加入 Fe-V 合金粉末或 V_2O_3 粉末；涂覆 NbC 时，加入 Fe-Nb 合金粉末或 Nb_2O_5 粉末；涂覆 $Cr_{23}C_6$、Cr_7C_3 时则加入 Fe-Cr 合金粉末或 Cr_2O_3 粉末。若盐浴成分中含有氧化物（粉末），则需添加 Al、Ca、Ti、Fe-Ti，Fe-Al 等物质以提高并保持盐浴活性，使活性金属原子得以在盐浴中被还原出来。

(2) TD 处理工艺　将硼砂放入一个耐热钢制的坩埚中加热熔化至 800 ~1200℃，然后加入组成盐浴的其他物质，如碳化物形成粉末（钛、钡、铌、铬等），再将工件浸入盐浴中保温 1 ~10h，加入元素就会扩散至工件表面并与钢中的碳起反应，形成由碳化物构成的表面涂层。浸渍时间的长短取决于工艺温度及涂覆层厚度要求。

TD 涂层厚度主要取决于盐浴温度、处理时间及基材的化学成分，它们之间的关系可用以下公式表示

$$D^2 = At\exp\left(-\frac{Q}{RT}\right)$$

式中　D——TD 覆层的厚度；

t——浸渍时间；

T——工艺温度；

Q——碳原子在碳化物中的扩散激活能，约为 167 ~209kJ/mol；

R——摩尔气体常数，约为 8.29J/（mol·K）；

A——常数，一般为 10^{-3} ~ 10^{-2}。

对于某一工件，其含碳量及化学成分是一定的，当工艺温度一定时，可以根据设计的涂覆层厚度要求，再通过上述公式关系，估算出所需要的处理时间。

TD 处理温度一般为 800 ~1200℃，这个选择范围是比较宽的，而温度的高低又直接影响到涂层形成的速率，因此，工艺温度的选择就非常重要。TD 处理温度应与基材的淬火温度一致，因为 TD 处理后必须经淬火、回火处理，以获得必要的基体硬度。温度选择过高，则会在 TD 处理过程中导致基体组织的粗化，如果这种粗化的组织直接进行淬火，不仅降低了基体的力学性能，还会增加变形及开裂倾向；而当温度选择过低时，则在 TD 处理过程中不能完成奥氏体化，从而不能直接淬火。

(3) TD 涂层的质量控制

1) 基体材料。基体材料的选择应注意以下方面：

①硬度。经 TD 处理的模具，其基体的作用是抵抗工作中的表面压力，满足涂层刚度的需求，因此要选用在使用中不易发生变形的、有一定热处理硬度的钢种。

在表面压力较低的使用条件下，基体的硬度几乎不成为损害寿命的原因，应以原使用过的钢种作为其基体材料。如果基体材料的性能高于模具寿命所需要的性能，则可把基体材料换成廉价而容易加工的钢材，以降低成本。

相反，在模具工作零件表面工作压力较高的情况下，应选择能获得高硬度的钢种作为基体材料。一般来说，选择原使用过的钢作为基体材料能满足使用要求。

②韧性。模具的 TD 处理和氮化处理一样，并不降低基体的韧性。由于表面碳化物层的存在而提高了耐磨性和抗热粘结性。对于在使用中易发生折断或崩坏的模具工作零件，应尽

可能选择韧性较高的钢材作为基体材料，并选择能获得高韧性的热处理工艺。必要时，可采用韧性较高的热作模具钢作为基体材料进行碳化物涂覆，来制作冲模具的工作零件。

③淬透性。为了减少TD处理引起形状、尺寸的变化，应当选择淬透性良好的模具钢作为基体材料。

2）防止变形。由于TD处理温度接近于钢的淬火温度，对于精度要求严格的工件，要特别注意防止变形，可以采取适当的措施使变形控制到最小值。可采取的措施有多种，与基体处理条件有关的措施有以下几种：

①选取淬透性良好的钢种作为基体材料。

②当处理过程中要求基体材料必须淬火硬化时，对于精密的工件要预先进行淬火、回火。采用一般的淬火、回火工艺时，应当选用残留奥氏体较多的钢种。

③采用低温处理、高温回火来调整残留奥氏体量，控制工件尺寸。选择淬火状态下含有大量残留奥氏体，而在较宽的回火温度范围内具有高硬度的钢。

采取上述措施后，模具以及工具类工件多半可以将变形控制在公差范围之内。

（4）TD涂层的性能　TD处理获得碳化物层的硬度明显高于淬火硬度、镀铬或渗氮的硬度，这是由于VC和TiC等碳化物的硬度很高的缘故（VC和TiC的硬度为2980～3800HV，NbC的硬度约为2400HV）。VC、Cr-C、NbC即使在800℃还有800HV以上的硬度，经高温加热处理后，其室温硬度也不降低，而且VC、NbC、TiC的耐磨性也比氮化、渗硼、镀铬等其他表面处理层的耐磨性优越，而与硬质合金的耐磨性相同或更好。

VC、NbC在500℃大气中几乎不氧化，但若在600℃保温1h则有几微米厚的碳化物完全被氧化。另一方面，Cr_7C_3或$Cr_{23}C_6$等以Cr为主体的碳化物涂层即使加热到900℃也只有少许氧化，显示出优越的抗氧化性。

涂覆VC、NbC、Cr-C的钢对于盐酸、硫酸、硝酸、磷酸、苛性钠具有良好的耐蚀性。在有高耐蚀性的要求时，涂层中应绝对避免产生微孔、微裂纹等缺陷。

四、任务实施

1. 高压开关触头座热挤压模具的硬度要求及其反挤压凸模的热处理工艺

根据对高压开关触头座热挤压模具工作条件及失效的分析，模具零件的硬度要求见表2-24。

表2-24　高压开关触头座热挤压模具硬度要求

零件号	零件名称	零件材料	硬度HRC	零件号	零件名称	零件材料	硬度HRC
1	上模板	45钢	28～32	8	下模座	45钢	45～48
2	上垫板	45钢	40～45	9	下垫板	3Cr2W8V	40～45
3	固定板	5CrMnMo	45～48	10	下模板	45钢	28～32
4	反挤压凸模	4Cr5MoSiV	40～48	11	顶件器	5CrMnMo	45～50
5	预应力圈	5CrMnMo	45～48	12	顶杆	5CrMnMo	45～50
6	凹模	4Cr5MoSiV	40～48	13	芯轴	5CrMnMo	45～50
7	支撑环	3Cr2W8V	40～45	14	正挤压凸模	4Cr5MoSiV	40～48

反挤压凸模采用4Cr5MoSiV钢材，淬火加热时先加热至（790±15）℃预热，然后加热至（1000±6）℃（盐浴）或（1010±6）℃（炉控气氛），保温5~15min，空冷，（550±6）℃回火，硬度达46~48HRC。其热处理工序为：锻造→退火→粗加工→调质→半精加工→淬火、回火→精加工。

2. 铝合金接线盒压铸模具的硬度要求及其活动型芯Ⅰ的热处理工艺

根据对铝合金接线盒压铸模具工作条件及失效的分析，模具零件的硬度要求见表2-25。

表2-25 铝合金接线盒压铸模具硬度要求

零件号	零件名称	零件材料	硬度 HRC	零件号	零件名称	零件材料	硬度 HRC
1	螺钉	45 钢		16	斜销滑块	45 钢	40~45
2	推杆固定板	45 钢	28~32	17	活动型芯Ⅰ	H13（4Cr5MoSiV1）	46~48
3	推杆	SKD61	40~48				
4	推板	45 钢	28~32	18	活动型芯Ⅱ	H13	46~48
5	垫钉	45 钢	40~45	19	动模镶块	H13	46~48
6	螺钉	45 钢		20	挡板	H13	46~48
7	动模座板	45 钢	28~32	21	定模镶块	H13	46~48
8	垫块	Q235		22	活动型芯连接块	H13	46~48
9	支承板	45 钢	28~32	23	滑块	45 钢	40~45
10	动模套板	45 钢	28~32	24	定模套板	45 钢	28~32
11	螺钉	45 钢		25	定模座板	45 钢	28~32
12	弹簧	SKD61	50~55	26	复位杆	SKD61	40~48
13	限位块	45 钢		27	浇口套	H13	46~48
14	螺栓	45 钢		28	导套	T8A	50~55
15	斜销	T10A	54~58	29	导柱	T8A	50~55

活动型芯Ⅰ采用H13模具钢，先将其进行等温球化退火预先热处理：860~890℃加热保温2h，降温到740~760℃等温4h，炉冷到500℃左右出炉；最终热处理采用淬火、回火。淬火加热温度1020~1050℃，油冷或空冷，硬度达54~58HRC；回火加热温度560~580℃，硬度46~48HRC。

若对H13钢进行气体渗氮或氮碳共渗，可使模具进一步强化，但其氮化温度不应高于回火温度，以保证心部强度不致降低，从而提高模具的使用寿命。其热处理工序为：锻造→退火→粗加工→调质→半精加工→淬火、回火→精加工。

五、单元练习

（一）理论练习

1. 对于中、小型模块，多选用具有________功能的加热设备，如________炉、________炉、________炉等。

2. 对于小型精密模具，最好选用________炉。

3. 对于大型模具坯料的淬火加热，一般采用________炉或________炉。

4. ________能有效地提高模具表面的耐磨性、耐蚀性、抗咬合、抗氧化性等性能。

5. 渗碳技术主要用于低碳钢制造模具零部件的________。

6. 渗碳后还要进行________处理。

7. 气体渗碳的主要设备是________。

8. TD 涂层厚度主要取决于________、________及________。

(二) 实践训练

1. 分析图 2-6 所示细长锥形套管压铸模具零件的硬度要求，完成表 2-26。

2. 合理安排零件 6（动模镶块）的热处理工艺。

表 2-26　细长锥形套管压铸模具硬度要求

零件号	零件名称	零件材料	硬度 HRC	零件号	零件名称	零件材料	硬度 HRC
1	垫块			17	滑块		
2	推杆			18	楔块		
3	复位杆			19	支撑杆		
4	分流锥			20	弹簧		
5	导柱			21	销		
6	动模镶块			22	滑块座板		
7	限位板			23	推杆		
8	螺钉			24	限位钉		
9	螺钉			25	推板		
10	定模套板			26	推杆固定板		
11	定模镶块			27	动模套板		
12	压环			28	动模座板		
13	浇口套			29	导柱		
14	型芯			30	挡板		
15	隔水板			31	弹簧		
16	斜销						

单元四　综 合 训 练

一、问答题

1. 热作模具的工作条件、失效形式及其对材料的性能要求都有哪些？

2. 热作模具的一般性能要求是什么？在满足一般性能要求的基础上，各类热作模具根据其具体情况，又有哪些突出的性能要求？为什么？

3. 为什么 4Cr5MoSiV1 是所有热作模具钢中应用最广泛的牌号之一？

4. 硬质合金、高温合金各有什么性能特点？用于制造热作模具的硬质合金、高温合金有哪些种类？其主要应用范围有哪些？

二、综合题

某厂生产的微型耕整机上有一轮轴零件，材料为 45 钢，尺寸结构如图 2-19 所示（括号内尺寸为热挤压件尺寸），模具寿命为 10 万件。图 2-20 所示为其模具总装配图，要求：

1. 分析轮轴六方孔热挤压模具的工作条件及失效形式。

2. 选择合适的模具材料，写出各零件的硬度要求，完成表 2-27，并制订凸模的热处理工艺。

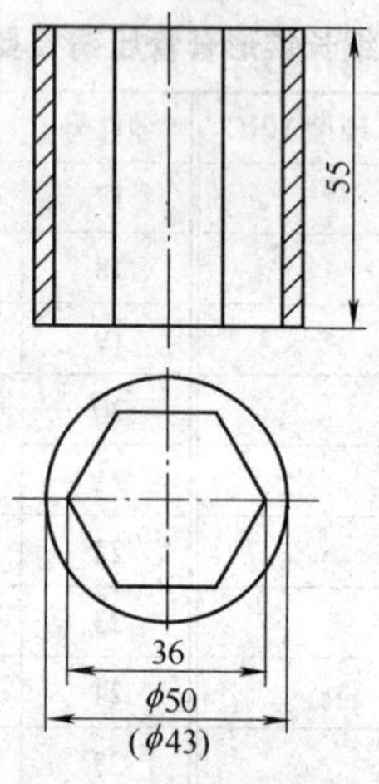

图 2-19　轮轴（六方孔）零件图

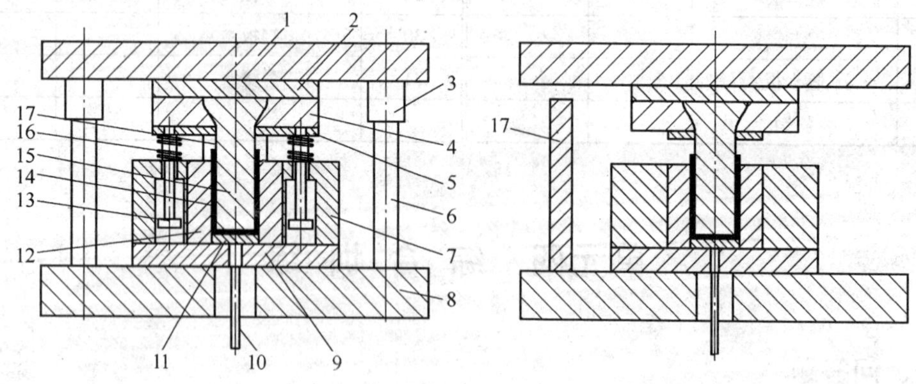

图 2-20　轮轴六方孔热挤压模具总装配图

1—上模座　2—上垫板　3—导套　4—凸模固定板　5—卸料板　6—导柱
7—凹模固定板　8—下模座　9—下垫板　10—推杆　11—顶出块
12—凹模　13—卸料螺钉　14—毛坯　15—凸模
16—弹簧　17—定位垫块

表2-27　轮轴六方孔热挤压模具零件材料选择及其硬度要求

零件号	零件名称	零件材料	硬度 HRC	零件号	零件名称	零件材料	硬度 HRC
1	上模座			10	推杆		
2	上垫板			11	顶出块		
3	导套			12	凹模		
4	凸模固定板			13	卸料螺钉		
5	卸料板			14	毛坯		
6	导柱			15	凸模		
7	凹模固定板			16	弹簧		
8	下模座			17	定位垫块		
9	下垫板						

项目三　典型塑料模具的材料选用与热处理

一、任务目标

终极目标：

1）会选择合理的塑料模具材料。

2）会合理安排塑料模具热处理工艺。

促成目标：

1）会分析塑料模具的工作条件与失效形式。

2）会分析塑料模具材料的性能要求。

3）了解常用塑料模具材料的成分、性能及应用场合。

4）了解常用塑料模具的热处理方法。

二、工作任务

1. 透明斜面板注射模具

图 3-1 所示为某企业生产的透明斜面板零件图，塑料件要求表面质量非常高，不能有波浪纹、气泡、银丝、熔接痕和推杆痕迹；要求透明度非常高，且要求尺寸精度高，不能有错位、飞边；零件材料为 PC，流动性差。图 3-2 所示为透明斜面板注射模具图，模具寿命为 80 万件。

1）选择如图 3-2 所示的透明斜面板注射模具的材料，写出各零件的硬度要求，完成表 3-1。

2）合理安排注射模具定模镶件的热处理工艺。

2. 塑料瓶盖压缩模具

图 3-3 所示为某企业生产的塑料瓶盖，其材料为酚醛塑料（PF），俗称电木粉，模具寿命为 20 万件。

1）选择如图 3-4 所示的塑料瓶盖压缩模具的材料，写出各零件的硬度要求，完成表 3-2。

2）合理安排压缩模具凹模的热处理工艺。

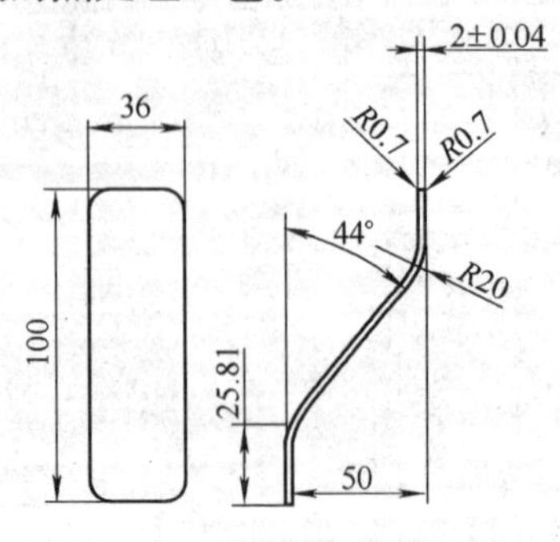

图 3-1　透明斜面板零件图

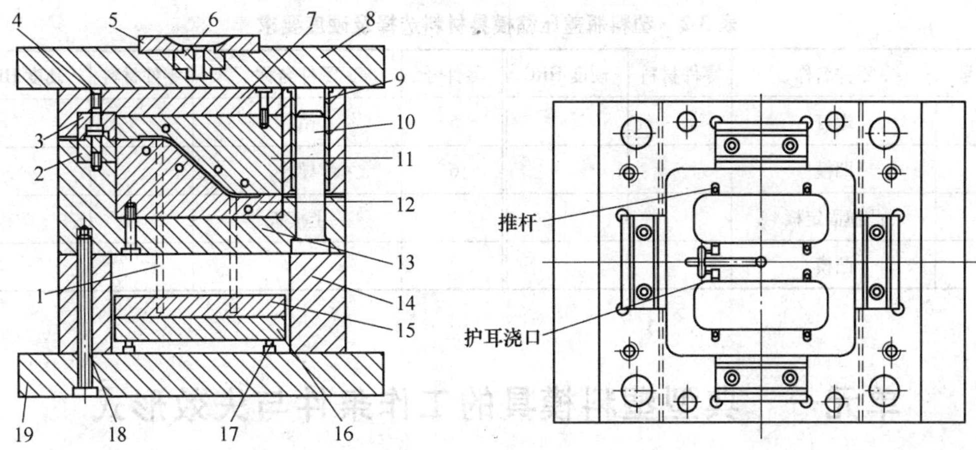

图 3-2　透明斜面板注射模具

1—推杆　2、3—锁扣　4、18—螺钉　5—定位块　6—浇口套　7—定模　8—定模座板　9—导套　10—导柱　11—定模镶件　12—动模镶件　13—动模　14—支承板　15—推杆固定板　16—推板　17—支承柱　19—动模座板

表 3-1　透明斜面板注射模具材料选择及硬度要求

零件号	零件名称	零件材料	硬度 HRC	零件号	零件名称	零件材料	硬度 HRC
1	推杆			11	定模镶件		
2	锁扣			12	动模镶件		
3	锁扣			13	动模		
4	螺钉			14	支承板		
5	定位块			15	推杆固定板		
6	浇口套			16	推板		
7	定模			17	支承柱		
8	定模座板			18	螺钉		
9	导套			19	动模座板		
10	导柱						

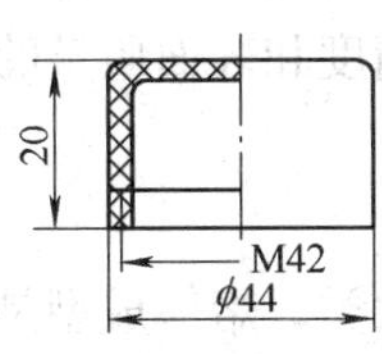

图 3-3　塑料瓶盖

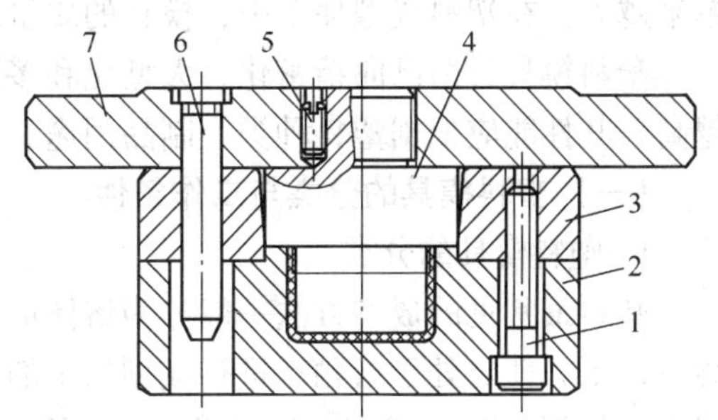

图 3-4　塑料瓶盖压缩模具

1—螺钉　2—凹模　3—凸模固定板　4—凸模　5—销钉　6—导柱　7—上模板

表 3-2　塑料瓶盖压缩模具材料选择及硬度要求

零件号	零件名称	零件材料	硬度 HRC	零件号	零件名称	零件材料	硬度 HRC
1	螺钉			5	销钉		
2	凹模			6	导柱		
3	凸模固定板			7	上模板		
4	凸模						

单元一　典型塑料模具的工作条件与失效形式

一、单元目标

终极目标：会分析塑料模具的工作条件与失效形式。

促成目标：

1）会分析注射模具的工作条件与失效形式。

2）会分析压缩模具的工作条件与失效形式。

二、单元任务

1）分析图 3-2 所示透明斜面板注射模具的工作条件及失效形式。

2）分析图 3-4 所示塑料瓶盖压缩模具的工作条件及失效形式。

三、任务导学

要完成本单元任务，需掌握以下知识：

1）塑料模具的分类与工作条件。

2）塑料模具的失效形式。

随着塑料制品在工业及日常生活中的应用越来越广泛，塑料模具工业对模具钢的需求也越来越大。在塑料成型加工中，模具的质量对产品质量的保证作用是不言而喻的。

塑料模具目前已向精密化、大型化和多腔化的方向发展，对塑料模具钢的性能要求越来越高，其性能应根据塑料种类、制品用途、生产批量、尺寸精度和表面质量的要求而定。

（一）塑料模具的分类与工作条件

1. 塑料模具的分类

塑料最常见的成型方法一般分为熔体成型和固相成型两大类，熔体成型是把塑料加热至熔点以上，使之处于熔融态进行成型加工的方法，属于此种成型方法的模塑工艺主要有注射成型、压塑（缩）成型、挤出成型等；固相成型是指塑料在熔融温度以下保持固态的一类成型方法，如一些塑料包装容器生产的真空成型、压缩空气成型和吹塑成型等。此外还有液态成型方法，如铸塑成型、搪塑和蘸浸成型等。

按照上述成型方法的不同，可以划分出对应不同工艺要求的塑料加工模具类型，主要有注射模、挤出模、压塑模、吹塑模、热压印模、真空成型模以及吸塑模、高发泡聚苯乙烯成型模等。

（1）塑料注射模具　塑料注射模具对应的加工设备是塑料注射（成型）机。塑料首先在注射机的加热料筒内受热熔融，然后在注射机的螺杆或柱塞推动下，经注射机喷嘴和模具的浇注系统进入模具型腔，在此塑料冷却硬化成型，脱模得到制品。注射模具的结构通常由成型部件、浇注系统、导向部件、推出机构、调温系统、排气系统、支撑部件等部分组成。制造材料通常采用塑料模具钢模块，常用的材质主要有碳素结构钢、碳素工具钢、合金工具钢、高速钢等。注射成型加工方式通常只适用于热塑性塑料品种的制品生产，其生产的塑料制品种类十分广泛，从生活日用品到各类复杂的机械、电器、交通工具零件等，它是塑料制品生产中应用最广泛的一种加工方法。

（2）塑料压塑模具　塑料压塑模具包括压缩成型和压注成型两种结构模具类型，主要用于热固性塑料的成型，其所对应的设备是压力成型机。压缩成型时，根据塑料特性，将模具加热至成型温度（一般为 103～180℃），然后将计量好的压塑粉放入模具型腔和加料室内，闭合模具，塑料在高热、高压作用下成为软化粘流，经一定时间后固化定型，成为所需制品形状。压注成型与压缩成型不同的是设有单独的加料室，成型前模具先闭合，塑料在加料室内完成预热并呈粘流态，而后在压力作用下被高速挤入模具型腔，硬化成型。压注模具广泛用于封装电器元件方面。压缩模具也用来成型某些特殊的热塑性塑料，如难以熔融的热塑性塑料（聚四氟乙烯）毛坯（冷压成型）、光学性能很高的树脂镜片、轻微发泡的硝酸纤维素汽车方向盘等。压塑模具主要由型腔、加料腔、导向机构、推出部件、加热系统等组成，其制造所用材质与注射模具基本相同。

（3）塑料挤出模具　塑料挤出模具是用来成型生产具有连续形状的塑料产品的一类模具，又称为挤出成型机头，广泛用于管材、棒材、单丝、板材、薄膜、电线电缆包覆层、异型材等的加工。与其对应的生产设备是塑料挤出机，其工作原理是固态塑料在加热和挤出机的螺杆旋转加压条件下熔融、塑化，通过特定形状的口模制成截面与口模形状相同的连续塑料制品。挤出模具的制造材料主要有碳素结构钢、合金工具钢等，有些挤出模具在需要耐磨的部件上还会镶嵌金刚石等耐磨材料。挤出加工工艺通常只适用于热塑性塑料制品的生产，其在结构上与注射模具和压塑模具有明显区别。

（4）塑料吹塑模具　塑料吹塑模具是用来成型塑料容器类中空制品（如饮料瓶、日化用品等各种包装容器）的一种模具，其所对应的设备通常称为塑料吹塑成型机。吹塑成型按工艺原理分为挤出吹塑中空成型、注射吹塑中空成型、注射延伸吹塑中空成型（俗称“注拉吹”）、多层吹塑中空成型、片材吹塑中空成型等。吹塑成型只适用于热塑性塑料制品的生产。吹塑模具结构较为简单，所用材料多为碳素钢。

（5）塑料吸塑模具　塑料吸塑模具是以塑料板、片材为原料成型某些较简单塑料制品的一种模具，其原理是利用抽真空成型方法或压缩空气成型方法，使固定在凹模或凸模上的塑料板、片在加热软化的情况下变形而贴在模具的型腔上，得到所需成型产品。主要用于一些日用品、食品、玩具类包装制品的生产。吸塑成型时压力较低，所以模具材料多选用铸铝或非金属材料，且模具结构较为简单。

（6）高发泡聚苯乙烯成型模具　高发泡聚苯乙烯成型模具是应用可发性聚苯乙烯（由聚苯乙烯和发泡剂组成的珠状粒）原料来成型各种所需形状的泡沫塑料包装材料的一种模

具。其原理是在模具内通入蒸汽，使可发性聚苯乙烯成型。这种模具包括简易手工操作模具和液压机直通式泡沫塑料模具两种类型，主要用来生产工业品方面的包装产品。制造此种模具的材料有铸铝、不锈钢、青铜等。

按照塑料件原材料的性能和成型方法，可把塑料模具划分为两大类：

（1）热固性塑料模　主要用于压缩、传递和注射成型制品零件，包括压缩模、传递模、注射模三种类型。注射模用于热固性塑料件的成型较少。常用的热固性塑料有酚醛塑料（即胶水）、氨基聚酯、环氧树脂、聚邻苯二甲酸二烯丙酯（PDAP）、有机硅塑料、硅酮塑料等。

（2）热塑性塑料模　主要用于热塑性塑料注射成型和挤出成型。热塑性塑料主要有聚酰胺、聚甲醛、聚乙烯、聚丙烯、聚碳酸酯等。这些塑料在一定压力下在模内成型冷却后可保持已成型的形状，如果再次加热又可软化熔融再次成型。

热塑性塑料模具还包括中空吹塑模具、真空成型模具、塑料吸塑模具、高发泡聚苯乙烯成型模具。

2. 塑料模具的工作条件

由于塑料及塑料成型工业的发展，对塑料模具的质量要求也越来越高，因而塑料模具的失效问题及其影响因素已成为重要的研究课题。塑料模具的主要工作零件是成型零件，如凸模、凹模等，它们构成塑料模具的型腔，以成型塑料制件的各种表面并直接与塑料接触，经受压力、温度、摩擦和腐蚀等作用，见表3-3。

表3-3　塑料模具的工作条件和特点

名称	工作条件	特点
热固性塑料模	受热温度200~250℃，受力大，易磨损，易侵蚀，受到周期性脱模的冲击和碰撞	一般含大量固体填充剂，多以粉末状直接加入并热压成型，热机械负荷和磨损较大
热塑性塑料模	受热、受压、受磨损，但不严重，部分制品含氯和氟并析出腐蚀性气体，易腐蚀型腔表面	通常不含有固体填料，以软化状态注入型腔。含玻璃纤维的填料对型腔磨损较大

（二）塑料模具的失效形式

一般模具制造中包括模具设计、选用材料、热处理、机械加工、调试与安装等过程。根据调查表明：在模具失效的因素中，模具所使用的材料与热处理是影响其使用寿命的主要因素，见表3-4。从全面质量管理的角度出发，不能把影响模具使用寿命的诸因素作为多项式之和来衡量，而应该是多因素的乘积，这样，模具材料与热处理的优劣在整个模具制造过程中就显得特别重要。

表3-4　模具失效因素

失效因素	热处理	原材料	使用	机械加工	锻造	设计
所占比例(%)	52.5	17.8	10	1.9	7.8	3.3

从模具失效的普遍现象分析，塑料模具在服役过程中可产生磨损失效、局部塑性变形失效和断裂失效，它们是塑料模具的主要失效形式。

1. 型腔表面的磨损和腐蚀

塑料熔体以一定的压力在模腔内流动、凝固的塑件从模具中脱出，这些都对模具成型表面有摩擦作用，引起成型表面磨损。造成塑料模具磨损失效的根本原因就是模具与物料间的摩擦，但磨损的具体形式和磨损过程则与许多因素有关，如模具在工作过程中的压力、温度、物料变形速度和润滑状况等。当塑料模具使用的材料与热处理不合理时，会导致塑料模具的型腔表面硬度低、耐磨性差，其表现为型腔面因磨损及变形而引起尺寸超差、粗糙度值因拉毛而变高、表面质量恶化。尤其是当有固态物料进入塑料模型腔时，会加剧型腔面的磨损；加之塑料加工时含有氯、氟等成分，受热时会分解出腐蚀性气体 HCl、HF，使塑料模具型腔面产生腐蚀磨损，导致失效。如果在腐蚀的同时又有磨损损伤，使型腔表面的镀层或其他防护层遭到破坏，则将促进腐蚀过程。两种损伤交叉作用，会加速腐蚀、磨损失效。

2. 塑性变形失效

塑料模具型腔表面受压、受热可引起塑性变形失效，尤其是当小模具在大吨位设备上工作时，更容易产生超负荷塑性变形。塑料模具所采用的材料强度与韧性不高，变形抗力低，也容易引起失效。塑性变形失效的另一主要原因是模具型腔表面的硬化层过薄而导致变形抗力不足，或工作温度高于回火温度而发生相变软化，使模具早期失效。

3. 断裂失效

断裂主要是由于结构、温差而产生的结构应力、热应力所致，或因回火不足，在使用温度下使残留奥氏体转变成马氏体，引起局部体积膨胀，在模具内部产生组织应力所致。

四、任务实施

1. 透明斜面板注射模具的工作条件与失效分析

透明斜面板采用 PC 塑料，成型温度在 270～320℃范围内，如果温度超过 340℃时，PC 将会分解，对模具型腔表面产生腐蚀。因为材料流动性差，需要很高的注射压力（130～180MPa，1300～1800bar），即模具在高温下工作的同时还要承受一定的压力。

由于 PC 中含有氯、氟等元素，加热至熔融状态后会分解出氯化氢等腐蚀性气体，腐蚀模具的型腔表面，这就加大了其表面粗糙度值，也加剧了模具型腔的磨损，最终导致失效。

2. 塑料瓶盖压缩模具的工作条件与失效分析

瓶盖采用 PF（电木粉）塑料，成型温度在 120～130℃范围内，电木粉中填料成分较多，黏度大，所需的注射压力较高，通常在 100～170MPa 之间。因此模具也是在高温下工作，并要承受一定的压力。

由于电木粉中一般含有一定量的固体填充剂，在加热软化至熔融的塑料中成为“硬质点”，这些硬质点冲入模具型腔后，与模具型腔表面摩擦较大，致使型腔表面拉毛，粗糙度值变大。一旦出现这种现象，会使塑料与型腔之间的摩擦增大，使被压制的瓶盖因表面粗糙度不合格而报废。

五、单元练习

（一）理论练习

1. 按照塑料件原材料性能和成型方法，可把塑料模具划分为两大类，即________和________。

2. 塑料模具的主要失效形式可分为________、________和________。

3. 造成塑料模具磨损失效的根本原因是________________。

4. 塑料加工时含有氯、氟等成分受热分解出腐蚀性气体 HCl、HF，使塑料模具型腔面产生________，导致失效。

5. 塑料模型腔表面受压、受热可引起________失效。

6. ________成型法是塑料制品生产中应用最广的一种加工方法。

7. 注射成型法一般常用于________塑料的成型。

8. 热固性塑料模具一般在________温度下工作，受力大，易磨损，易侵蚀，受到周期性脱模的冲击和碰撞。

（二）实践训练

图 3-5 所示塑料件为一带轮，材料为 ABS，大批量生产，尺寸精度要求较高。

分析图 3-6 所示带轮注射模具的工作条件与失效形式。

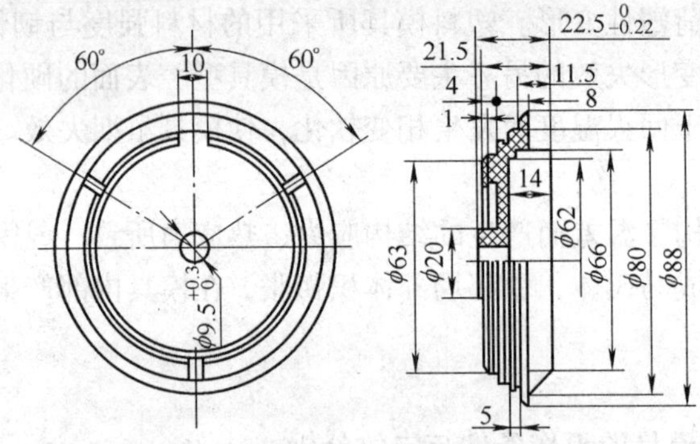

图 3-5　带轮零件图

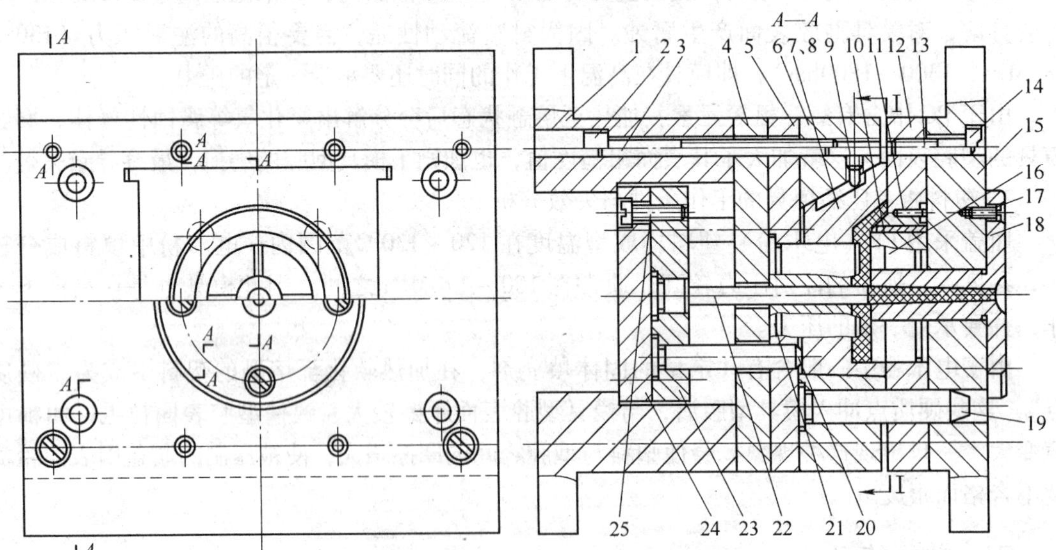

图 3-6　带轮注射模具

1—支架　2、14、17、25—螺钉　3、11、13—销钉　4—支承板　5—型芯固定板　6—动模套　7—左凹模（左滑块）　8—右凹模（右滑块）　9—定距销　10—凸模　12—定模板　15—定模座板　16—定模型芯　18—定位圈　19—带头导柱　20—推杆　21—动模型芯　22—拉料杆　23—推杆固定板　24—推板

单元二　塑料模具的性能要求与材料选择

一、单元目标

终极目标：会选择塑料模具材料。

促成目标：

1）了解注射模具的性能要求并会合理选择材料。

2）了解压缩模具的性能要求并会合理选择材料。

二、单元任务

1）分析图 3-2 所示透明斜面板注射模具的性能要求，并合理选择模具材料。

2）分析图 3-4 所示塑料瓶盖压缩模具的性能要求，并合理选择模具材料。

三、任务导学

要完成本单元任务，需掌握以下知识：

1）塑料模具钢的性能要求。

2）塑料模具用钢分类。

3）常用国产塑料模具用钢的特性及应用。

4）常用进口塑料模具用钢的特性及应用。

5）塑料模具材料的选用原则。

6）塑料模具成型零件材料的选用。

7）塑料模具结构零件材料的选用。

（一）塑料模具钢的性能要求

目前，塑料制品日益广泛地应用于日常生活。塑料模具的选用对于塑料工业生产能否收到好的经济效益非常关键，因此，模具设计者应该了解模具材料的基本要求，以便合理地选择模具材料。

塑料模具用钢应满足以下要求：

1. 耐热性

随着高速成型机械的出现，塑料制品的运行速度加快。由于成型温度在 200～350℃之间，如果塑料的流动性不好，成型速度又快，会使模具部分成型表面的温度在极短时间内超过 400℃。为了保证模具在使用时的精度及变形程度，模具钢应有较高的耐热性。

2. 耐磨性

随着塑料制品用途的扩大，在塑料中往往需要添加玻璃纤维之类的无机材料以增强塑性。由于添加物的加入，使塑料的流动性大大降低，导致模具的磨损，故要求模具钢有良好的耐磨性。

3. 切削加工性

大多数塑料成型模具除了电火花加工还需进行一定的切削加工和钳工修配。为了延长切削刀具的使用寿命，模具钢在切削过程中的加工硬化要小。为了避免模具变形而影响精度，加工残余应力应控制在最小限度内。

4. 热稳定性

塑料注射模具的零件形状往往比较复杂，淬火后难以加工，因此应尽量选用具有良好热稳定性的材料。模具经热处理后因线膨胀系数小，热处理变形小，温度差异引起的尺寸变化率小，金相组织和模具尺寸稳定，可减少或不再进行加工，即可保证模具尺寸精度和表面粗糙度要求。

5. 镜面加工性能

型腔表面要光滑，成型面要求抛光成镜面，表面粗糙度 Ra 值要求低于 0.4μm，以保证塑料压制件的外观并便于脱模。

6. 热处理性能

在模具失效事故中，因热处理造成的事故一般占 52.3%，因此热处理在整个模具制造过程中占有重要的地位，其工艺的好坏对模具质量有较大的影响。一般要求热处理变形要小，淬火温度范围要宽，过热敏感性应小，特别是要有较大的淬硬性和淬透性等。

7. 耐蚀性

塑料在成型过程中会因受热分解出具有腐蚀性的气体，如 HCl、HF 等，有时在空气流道口处使模具因锈蚀而损坏，故要求模具钢有良好的耐蚀性。

（二）塑料模具用钢分类

随着塑料产量的提高和应用领域的扩大，对塑料模具提出了越来越高的要求，也促进了塑料模具的不断发展。目前塑料模具正朝着高效率、高精度、高寿命方向发展，推动了塑料模具材料的迅速发展。

我国目前用于塑料模具的钢种，可按钢材特性和使用时的热处理状态分类，见表 3-5。

表 3-5　塑料模具用钢分类

类　别	钢　种	类　别	钢　种
渗碳型	20、20Cr、20Mn、12CrNi3A、20CrNiMo、DT1、DT2、08Cr4NiMoV(LJ)	预硬型	3Cr2Mo(P20)、Y20CrNi3AlMnMo(SM2)、5NiSCa、Y55CrNiMnMoV(SM1)、4Cr5MoSiVS、8Cr2MnWMoVS(8Cr2S)
调质型	45、50、55、40Cr、40Mn、50Mn、S48C、4Cr5MoSiV、38CrMoAlA	耐蚀型	30Cr13、20Cr13、05Cr16Ni4Cu3Nb(PCR)、12Cr18Ni9、05Cr17Ni4Cu4Nb(74PH)
淬硬型	T7A、T8A、T10A、5CrNiMo、9SiCr、9CrWMn、GCr15、3Cr2W8V、Cr12MoV、45Cr2NiMoVSi、6CrNiSiMnMoV(GD)	时效硬化型	18Ni140 级、18Ni170 级、18Ni210 级、10Ni3MnCuAl(PMS)、18Ni9Co、06Ni6MoVTiAl、25CrNi3MoAl

对于我国传统常用的塑料模具钢，已有很多书籍资料作过详细的论述，现主要介绍我国近年研制和从国外引进并已在生产中推广使用的塑料模具钢。

1. 渗碳型塑料模具用钢

渗碳型塑料模具用钢主要用于冷挤压成形的塑料模具。为了便于冷挤压成形，这类钢在退火状态需有高的塑性和低的变形抗力，因此，对这类钢要求有低的或超低的含碳量。为了提高模具的耐磨性，这类钢在成形后一般都进行渗碳和淬、回火处理，表面硬度可达 58～62HRC。

此类钢在国外有专用钢种，如瑞典的 8416、美国的 P2 和 P4 等。国内常采用工业纯铁

（如 DT1 和 DT2）、20、20Cr、12CrNi3A 和 12Cr2Ni4A 等，以及国内最新研制的冷成形专用钢 08Cr4NiMoV（LJ）。

2. 淬硬型塑料模具用钢

（1）常用钢种及热处理　常用的淬硬型塑料模具钢有碳素工具钢（如 T7A、T8A）、低合金冷作模具钢（如 9SiCr、9Mn2V、CrWMn、GCr15、7CrSiMnMoV）、Cr12 型钢（如 Cr12MoV）、高速工具钢（如 W6Mo5Cr4V2）、基体钢和某些热作模具钢等。这些钢的最终热处理一般是淬火加低温回火（少数采用中温回火或高温回火），热处理后的硬度通常在 45～50HRC 以上。

（2）实际应用　碳素工具钢仅适于制造尺寸不大、受力较小、形状简单及变形要求不高的塑料模具；低合金冷作模具钢主要用于制造尺寸较大、形状较复杂和精度较高的塑料模具；Cr12 型钢适于制造要求高耐磨性的大型、复杂和精密的塑料模具；W6Mo5Cr4V2 钢适于制造要求强度高和耐磨性好的塑料模具；热作模具钢适于制造有较高强韧性和一定耐磨性的塑料模具。

另外，GD 钢也是近年来推广使用的一种淬硬型塑料模具钢。由于该钢的强韧性高、淬透性和耐磨性好，淬火变形小，价格低，可用此钢取代 Cr12MoV 钢或基体钢制造大型、高耐磨、高精度塑料模具，不仅可降低成本，还可提高模具的使用寿命。

3. 预硬型塑料模具用钢

所谓预硬钢，就是供应时已预先进行了热处理，并使之达到模具使用硬度的钢。这类钢的特点是在硬度 30～40HRC 的状态下可以直接进行成形车削、钻孔、铣削、雕刻、精锉等加工，精加工后可直接交付使用，这就完全避免了热处理变形的影响，从而保证了模具的制造精度。

我国近年研制的预硬型塑料模具钢大多数是以中碳钢为基础，加入适量的铬、锰、镍、钼、钒等合金元素制成。为了解决在较高硬度下切削加工难度大的问题，通过向钢中加入硫、钙、铅、硒等元素，以改善切削加工性能，从而制得易切削预硬化钢。有些预硬化钢可以在模具加工成形后进行渗氮处理，在不降低基体使用硬度的前提下使模具的表面硬度和耐磨性显著提高。

4. 时效硬化型塑料模具用钢

时效硬化型钢的共同特点是含碳量低、合金含量较高，经高温淬火（固溶处理）后，钢处于软化状态，组织为单一的过饱和固溶体。但是将此固溶体进行时效处理，即加热到某一较低温度并保温一段时间后，固溶体中就会析出细小弥散的金属化合物，从而造成钢的强化和硬化，并且这一强化过程引起的尺寸、形状变化极小。因此，采用此类钢制造塑料模具时，可在固溶处理后进行模具的机械成形加工，然后通过时效处理，使模具获得使用状态的强度和硬度，这就有效地保证了模具最终尺寸和形状的精度。

此外，此类钢往往采用真空冶炼或电渣重熔，钢的纯净度高，所以镜面抛光性能和光蚀性能良好。这一类钢还可以通过镀铬、渗氮、离子束气相沉积等表面处理方法来提高耐磨性和耐蚀性。常用的几种时效硬化型塑料模具用钢有 25CrNi3MoAl、18Ni 类钢。

5. 耐蚀型塑料模具用钢

05Cr16Ni4Cu3Nb（PCR）钢属于析出硬化不锈钢，硬度为 32～35HRC 时可进行切削加工。该钢经 460～480℃时效处理后，可获得较好的综合力学性能。

6. 其他塑料模具材料

（1）铜合金 用于塑料模具材料的铜合金主要是铍青铜，如 ZCuBe2、ZCuBe2.4 等。一般采用铸造方法制模，不仅成本低，周期短，而且还可制出形状复杂的模具。铍青铜可通过固溶和时效强化，固溶后合金处于软化状态，塑性较好，便于机械加工；经时效处理后，合金的抗拉强度可达 1100 ~ 1300MPa，硬度可达 40 ~ 42HRC。铍青铜适于制造吹塑模、注射模，以及一些高导热性、高强度和高耐蚀性的塑料模。利用铍青铜铸造模具可以复制木纹和皮革纹，可以用样品复制人像或玩具等不规则的成形面。

（2）铝合金 铝合金的密度小，熔点低，加工性能和导热性都优于钢，其中铸造铝硅合金还具有优良的铸造性能，因此在有些场合可选用铸造铝合金来制造塑料模具，以缩短制模周期，降低制模成本。常用的铸造铝合金牌号有 ZL101 等，它适于制造要求高热导率、形状复杂和制造周期短的塑料模具。变形铝合金 Lcq 也是用于制造塑料模具的铝合金之一，由于它的强度比 ZL101 高，可制作要求强度较高且有良好导热性的塑料模具。

（3）锌合金 用于制作塑料模具的锌合金大多为 Zn-4% Al-3% Cu 共晶型合金，其主要成分见表 3-6，此外还含有少量 Pb、Cd、Sn、Fe 等杂质。用此合金通过铸造方法易于制出光洁而复杂的模具型腔，并可降低制模费用，缩短制模周期。锌合金的不足之处是高温强度较差，且合金易于老化，锌合金塑料模长期使用后易出现变形甚至开裂。一般锌合金用于制造注射模和吹塑模等。

表 3-6 Zn-4%Al-3%Cu 的化学成分（质量分数，%）

Al	Cu	Mg	Zn
3.9 ~ 4.5	2.8 ~ 3.5	0.03 ~ 0.06	约 92

用于塑料模具的锌合金还有铍锌合金和镍钛锌合金。铍锌合金有较高的硬度（150HBW），耐热性好，所制作的注射模具的使用寿命可达几万至几十万件。镍钛锌合金由于镍和钛的加入可使强度、硬度提高，从而使模具寿命成倍增长。

（三）常用国产塑料模具用钢的特性及应用

1. 20 钢

20 钢属于低碳碳素钢，强度低，韧性、塑性和焊接性均好，主要用于型腔简单、生产批量较小的塑料模具。采用反印法制造模具，然后经渗碳、淬火及回火处理，可获得表面硬度高且耐磨、心部韧性好的模具。

2. 20Cr

20Cr 是我国目前产量最大的合金结构钢之一，用途非常广泛，比 20 钢有更好的淬透性，强度和韧性中等，经渗碳处理后，具有很高的硬度、耐磨性和适当的耐蚀性，作为塑料模具用钢，其应用同 20 钢。

3. 45 钢

45 钢具有较高的强度和较好的切削加工性，经适当热处理以后，可获得一定的韧性、塑性和耐磨性，材料来源方便，一般经调质处理后用于制造塑料模具，是我国目前塑料模具用钢应用最广泛的一个钢种。

4. 40Cr

40Cr 的抗拉强度和屈服强度比相应的碳素钢高 20%，并具有良好的淬透性和切削加工性，用此钢制造的塑料模具经渗碳或碳氮共渗处理后，可以提高耐磨性和耐蚀性。

5. 5CrNiMnMoVSCa（5NiSCa）

5NiSCa 采用 S-Ca 复合易切削系和喷射冶金技术，改善了硫化物的形态、分布及钢的各向异性，并能保证在大截面中硫化物的分布仍比较均匀。该钢具有较好的淬透性及韧性，易切削，在预硬态（42HRC）下仍具有好的加工性能，具有良好的镜面抛光性能，抛光表面粗糙度 *Ra* 值可达 0.040μm，补焊性能好。该钢适用于型腔复杂的塑料注射模、压缩模，以及要求变形极小的大型塑料成型模等。

6. 3Cr2Mo（P20）

3Cr2Mo 是由美国 AISI 转化过来的预硬型塑料模具钢，并已纳入国标（GB/T 1299—2000），可在 25.9～35HRC 硬度条件下供应，有良好的加工性能、极好的抛光性能。该钢是各国应用较广泛的一种塑料模具钢，适用于压缩模、注射模。

7. 3Cr2MnNiMo

3Cr2MnNiMo 是在 P20 的基础上研制的新钢种，该钢既具有高的强韧性，又具有好的加工性能和抛光性能（可抛光到 *Ra* 值为 0.020μm），可在预硬态下（30～36HRC）加工。该钢适用于大型塑料模或型腔复杂、要求镜面抛光的模具。

8. 8Cr2MnWMoVS（8Cr2S）

8Cr2S 易切削，调质态（40～42HRC）下的切削性能相当于 T10A，退火态（200HBW）的加工性能好，综合力学性能好，耐磨性好，镜面抛光性能好，可研磨抛光到 *Ra* 值为 0.025μm，光刻浸蚀性能好。该钢适用于压缩模、注射模及压注模，经整体淬火、回火后还可制造冲模、级进模等。

9. 20Cr13

20Cr13 是马氏体型不锈钢，具有良好的韧性和冷变形性，硬度比 12Cr13 稍高，而耐蚀性则略低于 12Cr13，冷态时的深拉、冷冲工艺性良好，但焊后硬化倾向较大，易产生裂纹。该钢适用于要求一定耐蚀性的塑料模具。

10. 40Cr13

40Cr13 属于马氏体型不锈钢，比 20Cr13 具有更高的强度、硬度，淬透性好，耐蚀性不如 20Cr13，焊接性能差。该钢适用于要求一定强度和耐蚀性的较大截面的塑料模具。

11. 06Cr18Ni11Ti

06Cr18Ni11Ti 属于奥氏体型不锈钢，具有良好的耐酸性介质的腐蚀能力和良好的抗氧化能力，用于制造含有腐蚀性添加剂的塑料制品的模具。但该钢的强度较低，不适于制造承受很大压力的模具。

12. 25CrNi3MoAl

25CrNi3MoAl 是我国研制的一种低镍时效钢，经 880°C 淬火和 680～700°C 高温回火后，硬度为 20～25HRC，可进行机加工，再经 520～540°C 时效，硬度可达 38～42HRC。时效是靠析出与基体共格的有序金属间化合物 NiAl 而得到强化的。该钢适用于尺寸精度要求比较高的塑料模具。

13. 10Ni3MnCuAl（PMS）

PMS 是一种高级镜面 Ni-Cu-Al 析出硬化型塑料模具钢，采用电弧炉加电渣重熔法炼制，其材质纯净，有高的抛光性能，抛光后表面粗糙度 *Ra* 值可达 0.05～0.12μm，并具有很好的花纹图案蚀刻性能，以及良好的冷热加工性能和综合力学性能，时效后硬度可达 38～

45HRC，变形率在0.05%以下，是热塑性塑料透明件和各种有光亮度要求的塑料制品成型模具的专用钢。

14. Y55CrNiMnMoV（SM1）、Y20CrNi3AlMnMo（SM2）

SM1、SM2是在P20基础上改进研制的新型塑料模具钢，均属于硫系易切削模具钢，可在预硬状态下交货，在35～40HRC、$a_K=50\sim80\text{J/cm}^2$ 的条件下仍有较好的切削加工性能，抛光性能好，表面粗糙度 Ra 值可达0.01μm以上。该钢用于多功能收音机、单放机、电话机等塑料制品，比45钢寿命提高四倍以上。部分模具的使用寿命见表3-7。

表3-7　部分模具的使用寿命

模具名称	原用材料	原用材料寿命	现用材料	现用材料寿命
ZL400型透明罩模	CrWMn、45钢	10万次报废	SM2	50万次以上未修模
量角器、三角尺模	38CrMoAl	5万次报废	SM1	30万次以上无破损
牙刷模	45钢	43万次报废	SM1	290万次开始修模
纱管模	CrWMn、45钢	10万次报废	SM1	40万次开始修模
JG304C型照相机模	45钢	5万次报废	SM2	25万次开始修模
出口玩具模	瑞典进口718、8407		SM1、SM2	满足出口要求
出口保温瓶模	45钢	5万次报废	SM1、SM2	30万次
线路板冲模	CrWMn		SM1	满意

（四）常用进口塑料模具用钢的特性及应用

1. CENA1

CENA1由日本日立公司生产，此钢具有优良的镜面加工性、切削性及耐蚀性的绝妙搭配。日立公司打破常规，采用特殊的溶解方法，得到具有极高洁净度及优良镜面效果的CENA1，为镜面钢的新标准。该钢无需热处理，表面硬度均匀（38～42HRC），不易生锈，耐气体腐蚀，可降低维护费用；加工性优良，工具磨损小，精密加工表面良好；镜面加工性、蚀花加工性、放电加工性优良；焊接性优良，不易产生熔接硬化；氮化硬化特性优良，适用于耐磨损用途。在充分满足工艺设计的条件下，是能降低多项成本的新镜面塑料模具钢。

CENA1主要用于办公室自动化电器用品模具、通信电器用品模具（手机、摄像机、光碟盒）、家庭电器用品模具（吸尘器、冷暖气机、电熨斗）、汽车用品模具（尾灯、镜壳、汽车仪表罩）、化妆用品盒模具等。

2. HPM1

HPM1由日本日立公司生产，此钢为高级预硬型塑料模具用钢，硬度高达37～42HRC，无需再进行热处理。HPM1采用特殊溶解方法制成，切削性能好（40HRC时最好），大件模料也具有内外均衡的硬度及良好的加工性。

HPM1主要用于办公室自动化电器用品、通信电器用品及家庭电器用品模具，以及汽车零件、常用树脂制品、化妆用品盒、精密橡胶模具和高强度模具板等。

3. FX5

FX5由日本大同公司生产，此钢出厂时硬度达到30～33HRC，抛光性、电蚀性、焊补性与切削加工性良好。主要用于大型塑料模具，如汽车尾灯、镜壳前挡板、汽车保险杠、家用电器外壳等。

4. S-STAR

S-STAR 由日本大同公司生产，此钢是超镜面塑料模具用钢，具有高的抛光性及超镜面性，耐蚀性、耐磨性及尺寸稳定性好，热处理后尺寸变化极小（0.03%以内），内质均匀健全（ESR 精炼），蚀花加工性及 EDM 性良好，预硬状态交货，亦可直接刻模使用。

S-STAR 主要适用于光学透镜模具、耐腐蚀高硬度塑料模具、医疗器械模具、化妆品容器模具、食品容器模具、瓶盖及磁带盒模具。

5. NAK80

NAK80 由日本大同公司生产，此钢为预硬型塑料模具用钢，出厂硬度已达 37～43HRC，无需热处理，抛光性极佳，切削性及蚀花性佳。因经真空脱气精炼处理而钢质纯净。经过球化退火软化处理，切削加工性能良好。由于强化元素钒、钼的加入，耐磨性极其优异。

NAK80 一般用于镜面抛光模具，电视机滤光板模具，化妆品盒模具，精密皱纹加工模具，办公自动化设备及汽车零件放电加工模具，还有透明产品或要求表面光洁的产品（如汽车、照相机、计算机等用品上的透明产品）模具。

6. NAK55

NAK55 由日本大同公司生产，此钢为镜面抛光加工的预硬化钢，出厂硬度达 37～43HRC，无需热处理，抛光性极佳，切削性及蚀花性佳。

NAK55 主要用于镜面抛光模具，电视机滤光板及化妆品盒等模具，精密皱纹加工模具，办公自动化设备及汽车零件放电加工等模具。

7. G-STAR

G-STAR 由日本大同公司生产，此钢是一种通用耐蚀塑料模具钢，耐蚀性及切削性优良；可直接使用，或经淬火、回火后使用。主要用于光盘模具，要求耐蚀的模板（如耐蚀的有冷却水孔的模板，可取代镀铬模具）。

8. 618

618 由瑞典一胜百公司生产，此钢为优质预硬变通塑料模具钢。通过真空除气炼制，纯净度高，经超声波检验，硬度及金相结构均匀，抛光容易。

主要用于有镜面抛光度要求的塑料模具、普通的塑料注射模具及热塑性塑料的注射模具。

9. 718

718 由瑞典一胜百公司生产，此钢为预硬型塑料模具钢，其抛光、电蚀、焊补性与切削加工性均良好，出厂硬度达 290～330HBW，无需再热处理可直接用于模具加工。因经真空脱气精炼处理，钢质纯净，适用于要求抛光或蚀纹加工的塑料模。经锻轧加工后组织致密，100%超声波检验，无气孔及针眼缺陷。

主要用于大型长寿命塑料注射模，如家电制品、计算机外壳等模具，以及表面高度光洁的塑料制品模具和吹塑模。由于硬度高，该钢还可用于塑料模具中的滑块成型工具，视生产需要可施加火焰淬火或氮化处理的模具零件。

10. M310

M310 由奥地利百禄公司生产，此钢为耐蚀镜面塑料模具钢，出厂硬度达 225HBW（最高）。该钢为具有耐酸性能的高铬不锈钢，淬硬后极其耐磨，切削性及抛光性极佳。

主要适用于耐酸塑料模具（如 PVC 产品），以及透明塑料模具（如光学产品等）。

11. M300

M300 由奥地利百禄公司生产，此钢为耐蚀镜面塑料模具钢，热处理后硬度达 31～

35HRC，加工及抛光容易；铬的质量分数达16%，具有极佳的耐腐蚀性能，适用于一切与化学物质有接触的塑料模具或侵蚀物品的模具，尤其适合PVC产品，容易达到镜面光洁度。

12. M238

M238由奥地利百禄公司生产，此钢为镜面塑料模具钢，在P20的基础上加上质量分数为1.1%的镍，钢材表面至中心硬度均匀一致，切削性良好，火花加工性能及抛光性能极佳，适宜汽化、镀硬铬及镀钛。

主要用于高要求的塑料模具，尤其是厚度超过400mm的模具。

13. M202

M202由奥地利百禄公司生产，此钢热处理预硬硬度为29～33HRC，结构均匀，具有高温耐磨性，热强度高，抛光及切削容易，可进行表面氮化及火花加工。

主要用作压铸模，热合金或金属挤压模，还可用作射咀、射筒、热剪刀及塑料模具。

14. 2738

2738由德国撒斯特公司生产，此钢为耐蚀镜面塑料模具钢，具有优良的加工性能，易切削、抛光和电蚀。

主要应用在大型塑料模具模架上，如汽车保险杠、电视机外壳模具等。该钢适合要求高光整度的模具。

15. 2083

2083由德国撒斯特公司生产，此钢为耐蚀塑料模具钢，具有良好的耐蚀性、耐磨性、切削性及淬透性，变形率低，硬化状态下有出色的抛光性，具有高的表面精度，长期生产后仍可以维持原先的高精度，夹杂含量非常低，维修费用低，生产周期稳定。

主要用于酸性塑料及要求良好抛光的模具，适合电蚀操作。

16. 2311

2311由德国撒斯特公司生产，此钢为预硬型塑料模具钢，出厂硬度达29～33HRC，具有高的抛光性能、良好的加工性及优良的强韧性，可氮化处理或镀铬。

主要用于塑料模具及模架，适合大型塑料模（如电视机、冰柜、洗衣机壳等）。

17. 2316

2316由德国撒斯特公司生产，此钢为塑料模具常用的镜面模具钢，具有优良的耐蚀性及高的抛光性，组织均匀，综合性能良好。

主要用作PVC、POM等塑料产品模具，或其他有腐蚀性的塑料及高光洁度要求的塑料模具。

18. KAP88

KAP88由日本高周波公司生产，此钢为Ni-Al化合物析出硬化的高级塑料模具钢，具有40HRC的高硬度，切削性能优异，镜面抛光性及蚀纹加工性能极佳，焊接性良好，放电加工性能优异。

主要适合制造高光洁度的塑料模具。

19. 1.2316

1.2316由德国布德鲁斯公司生产，此钢为高耐蚀高抛光预硬型塑料模具钢，具有极优的机械加工性，淬火时具有优良的稳定性。

主要用作化妆品模具、文具模具等有抛光要求的塑料模具。

（五）塑料模具材料的选用原则

塑料模具的结构和形状比较复杂，制造成本较高，在使用中要保证能有较长的寿命，更要防止意外断裂破损，因此，合理选用模具钢材品种极为重要。选用钢材品种时，在保证满足使用性能和工艺性能的前提下，应选用价格低廉的钢材。除了钢材价格因素外，要充分发挥材料的全部优越性，合理的模具结构、精密的机械加工和合理的热处理工艺等也是不可忽视的因素，所以还要结合模具或模具零件的具体性能要求进行选材。

1. 根据塑料模具的寿命与价格选材

一般把模具按使用寿命的长短分为五级，一级在百万次以上，二级为50～100万次，三级为30～50万次，四级为10～30万次，五级在10万次以下。一级与二级模具都要求选用热处理硬度在50HRC左右的钢材，否则易于磨损，注射出的产品容易超差，故所选的钢材既要有较好的热处理性能，又要在高硬度的状态下有好的切削性能，当然还有其他方面的考虑。通常选用瑞典的8407、S136，美国的420、H13，欧洲的2316、2344、2083，或日本的SKD61、DC53（原为五金模具材料，特殊情况下使用）等。除此之外，注射的原料及所增加的填料对选用钢材也有很大的影响，尤其是玻璃纤维对模具的磨损很大。

有些塑料具有酸腐蚀性，有些因添加了增强剂或其他改性剂而对模具有很大损伤，选材时均要综合考虑。强腐蚀性塑料模具一般选用S136、2316、420这一类钢材；弱腐蚀性塑料模具除了选用S136、2316、420外，还可选用SKD61、NAK80、PAK90、718M等。强酸性的塑料有PVC、POM、PBT，弱酸性的塑料有PC、PP、PMMA、PA。产品的外观要求对模具材料的选择亦有很大的影响，对于透明件和表面要求镜面抛光的产品，可选用的模具材料有S136、2316、718S、NAK80、PAK90、420；透明度要求特高的，模具材料应选S136，其次是420。

三级模具更多采用预硬型钢材，如S136H、2316H、718H、083H，硬度为270～340HBW；四、五级模具采用P20、718、738、618、2311、2711；要求特低的模具还有可能用到S50C、45钢，即直接在模胚上做型腔。

以上是从满足产品性能要求来选材，但作为一个合格的设计师，除了考虑性能要求外，还要考虑价格因素。

2. 根据塑料模具的型腔加工方法选材

塑料模具的型腔加工方法可采用切削加工成形，这就要求模具钢具有良好的切削加工性能；亦可采用冷挤压成形，则要求模具钢具有良好的冷挤压加工性能。冷挤压成形模具用钢的碳含量、合金元素含量等均能影响钢材的冷挤压性能，常选用低碳铬系钢材作为冷挤压成形模具钢；一般选用渗碳型塑料模具用钢制造，其性能见表3-8。

表3-8　冷挤压成形塑料模具用钢的性能

牌　号	冲压性能		淬硬能力	硬化后变形能力	说　明
	软化退火硬度HBW	冷挤压性能评价			
电工纯铁DT1	80～90	优	低	低	冷挤压性能好，但心部强度低，适合于复杂型腔的模具
20钢	≤131	高	低	低	适用于简单型腔的模具

（续）

牌　号	冲压性能		淬硬能力	硬化后变形能力	说　明
	软化退火硬度 HBW	冷挤压性能评价			
20Cr	≤140	高	中	中	适用于形状复杂的模具
12CrNi3A	≤163	中	中	高	适用于浅型腔复杂模具
40Cr	≤163	中	中	高	心部强度优于20Cr
T7A	≤163	中	高	高	适用于形状简单、中等深度、比压较高的模具
Cr2(GCr15)	≤179	较低	高		适用于浅型腔、高比压模具

常用切削加工成形塑料模具用钢的性能见表3-9。

表3-9　常用切削加工成形塑料模具用钢的性能

钢材		使用硬度 HRC	耐磨性	抛光性能	淬火后变形倾向	硬化深度	可加工性	脱碳敏感性	耐蚀性
类别	牌号								
渗碳型	20	30~45	差	较好	中等	浅	中等	较大	差
	20Cr	30~45	差	较好	较小	浅	中等	较大	较差
淬硬型	45	30~50	差	差	较大	浅	好	较小	差
	40Cr	30~50	差	差	中等	浅	较好	小	较差
	CrWMn	58~62	中等	差	中等	浅	中等	较大	较差
	9SiCr	58~62	中等	差	中等	中等	中等	较大	较差
	9Mn2V	58~62	中等	差	小	浅	较好	较大	尚可
预硬型	5CrNiMnMoVSCa	40~45	中等	好	小	深	好	较小	中等
	3Cr2MnNiMo	32~40	中等	好	小	深	好	中等	中等
	3Cr2Mo	40~58	中等	好	较小	较深	好	较小	较好
	8Cr2MnWMoVS	40~42	较好	好	小	深	好	较小	中等
耐蚀型	20Cr13	30~40	较好	较好	小	深	中等	小	好
	12Cr18Ni9	30~40	较好	较好	小	深	中等	小	好
	05Cr16Ni4Cu3Nb	42~44	较好	较好	较小	深	好	小	好
时效硬化型	25CrNi3MoAl	39~42	较好	好	小	深	好	小	好
	06Ni6MoVTiAl	43~48	中等	好	小	好	小	中等	中等
	10Ni3MnCuAl	38~45	中等	好	小	深	好	小	中等

3. 根据塑料制品种类和质量要求选材

对于型腔表面要求耐磨性好、心部韧性好但形状并不复杂的塑料注射模。模具用钢可选用低碳结构钢和低碳合金钢，这类钢在退火状态下塑性很好，硬度低，退火硬度为85~135HBW。其变形抗力小，可用冷挤压成形，大大减少了切削加工量。例如20钢、20Cr和工业纯铁DT1、DT2均属此类钢。大、中型且型腔复杂的模具可选用08Cr4NiMoV、12CrNi3A、12Cr2Ni4A等优质渗碳钢，这类钢经渗碳、淬火、回火处理后，型腔表面有很好的耐磨性，模具心部又有较高的强度和韧性。

对于聚氯乙烯或氟塑料及阻燃的 ABS 塑料制品，所用模具钢必须有较好的耐蚀性，因为这些塑料在熔融状态会分解出氯化氢（HCl）、氟化氢（HF）和二氧化硫（SO_2）等气体，对模具型腔表面有一定的腐蚀性。这类模具常采用耐蚀塑料模具用钢，如 PCR、AFC-77、12Cr18Ni9 及 20Cr13 等。

生产以玻璃纤维作添加剂的热塑性塑料制品的注射模具或热固性塑料制品的压缩模具，要求具有高硬度、高耐磨性、高的抗压强度和较高的韧性，以防止模具型腔表面过早地被塑料磨损，或因模具受压而局部变形。这类模具常用淬硬型模具钢制造，经淬火、回火后得到所需的模具性能，如选用 T8A、T10A、Cr6WV、Cr12、Cr12MoV、9Mn2V、9SiCr、CrWMn、GCr15 等淬硬型模具钢。

制造透明塑料的模具要求钢材具有良好的镜面抛光性能和高的耐磨性，所以常采用时效硬化型钢制造，如 18Ni 类、PMS、PCR 等；也可采用预硬型钢，如 P20 系列及 8Cr2S、5NiSCa。

用不同的材料制造大小及形状不同的塑料件时，应选用不同的塑料模具钢，见表 3-10。

表 3-10　依塑料品种选用模具钢

用途		代表塑料及制品		模具要求	适用牌号
一般热塑性塑料、热固性塑料	一般	ABS	电视机壳、音响设备	高强度 耐磨损	55 钢、40Cr、P20、SM1、SM2、8Cr2S
		聚丙烯	电扇扇叶、容器		
	表面有花纹	ABS	汽车仪表盘、化妆品容器	高强度 耐磨损 光刻性	PMS、25CrNi3MoAl
	透明件	有机玻璃、ABS	仪表罩、汽车灯罩	高强度 耐磨损 抛光性	5NiSCa、SM2、PMS、P20
增强塑料	热塑性	POM、PC	工程塑料制件、电动工具外壳、汽车仪表盘	高耐磨性	65Nb、8Cr2S、PMS、SM2
	热固性	酚醛、环氧树脂	齿轮等		65Nb、8Cr2S、06Ni6MoVTiAl
阻燃型塑料		ABS 加阻燃剂	电视机壳、收录机壳、显像管罩	耐腐蚀	PCR
聚氯乙烯		PVC	电话机、阀门、管件、门把手	高强度 耐腐蚀	38CrMoAl、PCR
光学透镜		有机玻璃、聚苯乙烯	照相机镜头、放大镜	抛光性 耐腐蚀	PMS、8Cr2S、PCR

4. 根据塑料件的尺寸大小及精度要求选材

对于大型高精度的注射成型模具，当塑料件生产批量大时，采用预硬化钢。模具型腔大，模具壁厚加大，对钢的淬透性要求高，热处理要求变形小。所以，钢材在机加工前进行预硬处理，机加工后不再进行热处理，以防止热处理变形。预硬处理的钢既有较高的耐磨性，又有高的强度和韧性，如3Cr2Mo（P20）、8Cr2S、4Cr5MoSiVS、3Cr2NiMo（P4410）、SM1、PMS都可选用。

（六）塑料模具成型零件材料的选用

塑料模具成型零件材料的选用见表3-11。

表3-11　塑料模具成型零件材料的选用

工作条件	推荐牌号
生产塑料产品批量较小、精度要求不高、尺寸不大的模具	45钢、55钢或用10钢、20钢进行渗碳
在使用过程中有交替的动载荷，塑料产品生产批量较大，受磨损较严重的塑料模具	12CrNi3A、20Cr、20CrMnMo、20Cr2Ni4（进行渗碳）
大型、复杂、批量较大的塑料注射成型模或挤压成型模具	3Cr2Mo、4Cr3Mo3SiV、5CrNiMo、5CrMnMo、4Cr5MoSiV、4Cr5MoSiV1
热固性成型塑料模具及要求高耐磨高强度的塑料模具	9Mn2V、7CrMn2WMo、CrWMn、MnCrWV、Cr2Mn2SiWMoV、Cr5WV、Cr12MoV、Cr12
耐腐蚀和高精度的塑料模具	40Cr13、95Cr18、Cr18MoV、Cr14Mo、Cr14Mo4V
复杂、精密、高耐磨塑料模具	25CrNi3MoAl、18Ni-250、18Ni-300、18Ni-350

（七）塑料模具结构零件材料的选用

对塑料模具结构零件的强度、硬度、耐磨性、耐蚀性等的要求都比成型零件低，所以，一般选用通用材料就能满足使用性能的要求。塑料模具结构零件的常用材料见表3-12。

表3-12　塑料模具结构零件的材料选用

模具零件种类	主要性能要求	选用钢材	热处理	使用硬度
导柱、导套等	表面耐磨、心部有较好韧性	20钢、20Cr 20CrMnTi	渗碳、淬火回火	54～58HRC
		T8A、T10A	淬火回火	54～58HRC
主流道衬套	表面耐磨、耐蚀，热硬性好	20钢	渗碳、淬火、回火	55HRC以上
		T8A、T10A	淬火回火	55HRC以上
		9Mn2V、CrWMn 9SiCr、Cr12	淬火、低中温回火	55HRC以上
		3Cr2W8V 35CrMo	淬火加高温回火并渗氮	42～44HRC
顶杆、拉料杆、复位杆	有一定强度且比较耐磨	T7A、T8A	淬火回火	52～55HRC
		45钢	端部淬火、杆部调质	端部40HRC以上 杆部225HBW以上
各种模板、顶出杆、固定板支架等	较好的综合力学性能	45钢、40MnB 40MnVB	调质处理	225～240HBW
		Q235、Q255、Q275		
		球墨铸铁	正火	205HBW以上
		HT200	退火	

四、任务实施

1. 透明斜面板注射模具的性能要求与材料选择

通过对透明斜面板注射模具工作条件及失效形式的分析，要求其模具用钢具有高的耐蚀性、良好的耐磨性及耐热性。模具材料的选择见表3-13。

表3-13　透明斜面板注射模具材料的选择

零件号	零件名称	零件材料	零件号	零件名称	零件材料
1	推杆	65Mn	11	定模镶件	P20
2	锁扣	T10A	12	动模镶件	P20
3	锁扣	T10A	13	动模	45钢
4	螺钉	45钢	14	支承板	Q235
5	定位块	45钢	15	推杆固定板	45钢
6	浇口套	T10A	16	推板	45钢
7	定模	45钢	17	支承柱	45钢
8	定模座板	Q235	18	螺钉	45钢
9	导套	T8A	19	动模座板	Q235
10	导柱	T8A			

2. 塑料瓶盖压缩模具的性能要求与材料选择

通过对塑料瓶盖压缩模具工作条件及失效形式的分析，要求其模具用钢具有良好的耐蚀性及较高的耐磨性等。模具材料的选择见表3-14。

表3-14　塑料瓶盖压缩模具材料的选择

零件号	零件名称	零件材料	零件号	零件名称	零件材料
1	螺钉	45钢	5	销钉	45钢
2	凹模	40Cr	6	导柱	T8A
3	凸模固定板	T8A	7	上模板	45钢
4	凸模	40Cr			

五、单元练习

（一）理论练习

1. 为保证模具在使用时的精度及变形微小，模具钢应有较高的________。
2. 为避免模具变形而影响精度，希望________能控制在最小限度。
3. 渗碳型塑料模具用钢主要用于________的塑料模具。
4. 低合金冷作模具钢主要用于________的塑料模具。
5. 所谓预硬钢，就是________，并使之达到模具使用硬度的钢。
6. 用于塑料模具材料的铜合金主要是________。
7. 塑料模具的导柱、导套可用的材料有________、________、________。
8. 对大型高精度的注射成型模具，当塑料件生产批量大时，采用________。

（二）实践训练

分析图 3-6 所示带轮注射模具的性能要求，并选择合适材料，完成表 3-15。

表 3-15　带轮注射模具的材料选择

零件号	零件名称	零件材料	零件号	零件名称	零件材料
1	支架		14	螺钉	
2	螺钉		15	定模座板	
3	销钉		16	定模型芯	
4	支承板		17	螺钉	
5	型芯固定板		18	定位圈	
6	动模套		19	带头导柱	
7	左凹模(左滑块)		20	推杆	
8	右凹模(右滑块)		21	动模型芯	
9	定距销		22	拉料杆	
10	凸模		23	推杆固定板	
11	销钉		24	推板	
12	定模板		25	螺钉	
13	销钉				

单元三　典型塑料模具的热处理

一、单元目标

终极目标：会合理安排塑料模具的热处理工艺。

促成目标：

1）了解塑料模具钢的热处理要求。

2）了解各种塑料模具的热处理工艺安排。

二、单元任务

1）写出透明斜面板注射模具各零件的硬度要求，合理安排其定模镶件的热处理工艺。

2）写出塑料瓶盖压缩模具各零件的硬度要求，合理安排其凸模的热处理工艺。

三、任务导学

要完成本单元任务，需掌握以下知识：

1）塑料模具钢热处理的基本要求。

2）不同类型塑料模具的工作硬度。

3）塑料模具的热处理特点。

4）常用塑料模具钢的热处理工艺。

5）塑料模具的表面处理方法。

6）影响塑料模具变形的因素。

（一）塑料模具钢热处理的基本要求

对塑料模具钢的热处理基本要求如下：

1）适当的工作硬度和充分的韧性，有时为了提高模具的韧性，可以适当地降低硬度。

2）热处理变形要小，应采用非常缓慢的加热速度，并采取分级淬火、等温淬火等减小模具变形的热处理工艺。塑料模具允许淬火变形量参考值见表3-16。

3）在模具加热过程中，应特别注意保护型腔表面，防止氧化、脱碳等缺陷的发生。

4）热处理后材料组织应均匀，以保证抛光性能，并保证在工作条件下有足够的抗堆塌能力。塑料模具的各种热处理工序安排见表3-17。

表3-16　塑料模具允许淬火变形量参考值

模具尺寸/mm	允许变形量/mm		
	碳素工具钢	低合金工具钢	渗碳工具钢(12CrNi2A)
260～400	+0.20 −0.30	+0.15 −0.20	+0.15 −0.08
110～250	+0.15 −0.20	+0.10 −0.15	+0.10 −0.05
≤100	±0.10	±0.06	±0.04

表3-17　塑料模具的各种热处理工序安排

零件加工方法	材　料	工序安排
采用冷挤压成形模具	10钢、20钢 20Cr	锻造→正火或退火→粗加工→冷挤压型腔(多次挤压时,中间需退火)→机械加工成形→渗碳或碳氮共渗→淬火、回火→钳修抛光→镀铬→钳工装配
直接淬硬	T7A、T10A CrWMn 5CrMnMo	锻造→退火→粗加工→调质或高温回火→精加工→淬火、回火→钳修抛光→镀铬→钳工装配
精加工在调质后进行	各种钢材	锻造→退火→粗加工→调质→精加工成形→钳修、抛光→镀铬(或其他表面硬化处理)→钳工装配
采用合金渗碳钢制作模具	12CrNi3A 18CrMnTi	锻造→正火+高温回火→精加工成形→渗碳→淬火、回火→钳修抛光→镀铬→钳工装配

（二）不同类型塑料模具的工作硬度

不同类型塑料模具的工作硬度见表3-18。

表3-18　不同类型塑料模具的工作硬度

模具类型	模具用钢	工作硬度	说　明
形状简单、加有无机填料的塑料模具	Cr12MoV　或 5CrW2Si 渗碳	50～60HRC	在高的压力下要求耐磨的模具
形状简单的小型高寿命塑料模具	9Mn2V、Cr12 等合金工具钢	54～58HRC	在保证较高耐磨性的同时，具有好的强韧性
形状复杂、精度高的淬火微变形塑料模具	T7A、T10A	45～50HRC	用于易折断的部件(如型芯)
软质塑料注射模具	碳素工具钢	28～32HRC	无填充剂的软质塑料

(三) 塑料模具的热处理特点

1. 渗碳钢塑料模具的热处理特点

对于有高硬度、高耐磨性和高韧性要求的塑料模具，要选用渗碳钢来制造，并把渗碳、淬火和低温回火作为最终热处理。

模具一般渗碳层的厚度要求为0.8～1.5mm；压制含硬质填料的塑料时，模具渗碳层厚度要求为1.3～1.5mm；压制软性塑料时渗碳层厚度要求为0.8～1.2mm。渗碳层中碳的质量分数以0.7%～1.0%为最佳。若采用碳、氮共渗，则耐磨性、耐蚀性、抗氧化性、防粘性就更好。

渗碳温度一般在900～920℃之间，复杂型腔的小型模具可在840～860℃进行中温碳氮共渗。渗碳保温时间为5～10h，具体时间应根据对渗层厚度的要求来选择。渗碳工艺以采用分级渗碳工艺为宜，即高温阶段（900～920℃）以快速将碳渗入零件表层为主，中温阶段（820～840℃）以增加渗碳层厚度为主，这样在渗碳层内建立均匀合理的碳浓度梯度分布，便于直接淬火。

渗碳后的淬火工艺按钢种不同，可分别采用重新加热淬火、分级渗碳后直接淬火（如合金渗碳钢）、中温碳氮共渗后直接淬火（如用工业纯铁或低碳钢冷挤压成形的小型精密模具）、渗碳后空冷淬火（如用高合金渗碳钢制造的大、中型模具）。

2. 淬硬钢塑料模具的热处理特点

形状比较复杂的模具，在粗加工以后即进行热处理，然后进行精加工，才能保证热处理时变形最小，精密模具的变形应小于0.05%。

对塑料模具的型腔表面要求十分严格，因此在淬火加热过程中要确保型腔表面不氧化、不脱碳、不受侵蚀、不过热等，应在保护气氛炉中或在严格脱氧后的盐浴炉中加热。若采用普通箱式电阻炉加热，应在型腔面上涂保护剂，同时要控制加热速度，冷却时应选择比较缓和的冷却介质，控制冷却速度，以避免在淬火过程中因产生变形、开裂而报废。一般以热浴淬火为佳，也可采用预冷淬火的方式。

淬火后应及时回火，回火温度要高于模具的工作温度，回火时间应充分，其长短视模具材料和断面尺寸而定，但至少要在40～60min以上。

3. 预硬钢塑料模具的热处理特点

预硬钢是以预硬态供货的，一般不需热处理，但有时需进行改锻，改锻后的模坯必须进行热处理。

预硬钢的预备热处理通常采用球化退火，目的是消除锻造应力，获得均匀的球状珠光体组织，降低硬度，提高塑性，改善模坯的切削加工性能或冷挤压成形性能。

预硬钢的预硬处理工艺简单，多数采用调质处理，调质后获得回火索氏体组织。高温回火的温度范围很宽，能够满足模具的各种工作硬度要求。由于这类钢淬透性良好，淬火时可采用油冷、空冷或硝盐分级淬火。部分预硬钢的预硬处理工艺见表3-19，供参考。

表3-19 部分预硬钢的预硬处理工艺

牌号	加热温度/℃	冷却方式	回火温度/℃	预硬度HRC
3Cr2Mo	830～840	油冷或160～180℃硝盐分级	580～650	28～36
5NiSCa	880～930	油冷	550～680	30～45

（续）

牌　号	加热温度/℃	冷却方式	回火温度/℃	预硬度 HRC
8Cr2MnWMoVS	860~900	油冷或空冷	550~620	42~48
P4410	830~860	油冷或硝盐分级	550~650	35~41
SM1	830~850	油冷	620~660	36~42

4. 时效硬化钢塑料模具的热处理特点

时效硬化钢的热处理工艺分两步基本工序，首先进行固溶处理，即把钢加热到高温，使各种合金元素溶入奥氏体中，完成奥氏体化后淬火获得马氏体组织；第二步进行时效处理，利用时效强化达到最后要求的力学性能。

固溶处理加热一般在盐浴炉、箱式炉中进行，加热时间分别可取 1min/mm、2~2.5min/mm，淬火采用油冷，淬透性好的钢种也可空冷。锻造模坯时如能准确控制终锻温度，锻造后可直接进行固溶淬火。

时效处理最好在真空炉中进行，若在箱式炉中进行，为了防止模腔表面氧化，炉内需通入保护气氛，或者箱内装入氧化铝粉、石墨粉、铸铁屑，在保护条件下进行时效。装箱保护加热要适当延长保温时间，否则难以达到时效效果。部分时效硬化型塑料模具钢的热处理规范可参照表 3-20。

表 3-20　部分时效硬化型塑料模具钢的热处理规范

牌　号	固溶处理工艺	时效处理工艺	时效硬度 HRC
06Ni6MoVTiAl	800~850℃油冷	510~530℃×(6~8)h	43~48
PMS	800~850℃空冷	510~530℃×(3~5)h	41~43
25CrNi3MoAl	880℃水淬或空冷	520~540℃×(6~8)h	39~42
SM2	900℃×2h,油冷,700℃×2h	510℃×10h	39~40
PCR	1050℃固溶,空冷	460~480℃×4h	42~44

（四）常用塑料模具钢的热处理工艺

1. 各类塑料模具钢的退火工艺

各类塑料模具钢的退火工艺见表 3-21。

表 3-21　各类塑料模具钢的退火工艺

牌　号	加　热		等　温		冷却方式	退火后硬度 HBW
	温度/℃	时间/h	温度/℃	时间/h		
10 钢、20 钢	890~910	4~6			炉冷至 200℃,出炉空冷	≤131
15Cr、20Cr	860~880	6~8			炉冷至 200℃,出炉空冷	≤140
40 钢、40Cr	820~840	>2			炉冷至 200℃,出炉空冷	≤163
T7A~T12A	760~780	3~4	680~700	5~6	炉冷至 200℃,出炉空冷	187~207
CrWMn	780~790	2~4	680~700	4~6	炉冷至 200℃,出炉空冷	207~255
5NiSCa	760~780	2	670~690	6~8	炉冷至 200℃,出炉空冷	217~220
8Cr2MnWMoVS	790~810	2~3	690~710	4	炉冷至 200℃,出炉空冷	≤229

2. 各类（整体淬火型）塑料模具钢的调质工艺

各类塑料模具钢的调质工艺见表 3-22。

表 3-22　各类塑料模具钢的调质工艺

牌　号	淬火温度/℃	加热时间/min·mm⁻¹	淬火冷却介质	回火温度/℃	调 质 硬 度
45 钢	820 ~ 850	0.8 ~ 1.0	盐水→油	500 ~ 540	24 ~ 28HRC
				540 ~ 580	20 ~ 24HRC
				580 ~ 600	18 ~ 20HRC
40Cr	850 ~ 870	1.0 ~ 1.2	油	470 ~ 500	24 ~ 22HRC
				500 ~ 540	20 ~ 24HRC
				540 ~ 580	18 ~ 20HRC
T8 ~ T12	780 ~ 880	1.2 ~ 1.5	油	640 ~ 680	183 ~ 207HBW
Cr2	840 ~ 860	1.2 ~ 1.6	油	660 ~ 680	197 ~ 217HBW
GCr15	840 ~ 860			660 ~ 680	197 ~ 217HBW
9SiCr	880 ~ 890			680 ~ 700	197 ~ 229HBW

3. 整体淬火型模具钢的淬火工艺参数

整体淬火型模具钢的淬火工艺参数见表 3-23。

表 3-23　整体淬火型模具钢的淬火工艺参数

牌　号	预热温度/℃	加热温度/℃	预冷温度/℃	加热时间系数/min·mm⁻¹	
				箱式炉(装箱保护)	盐浴炉
T7A	在盐浴中加热时,必须先经过 200 ~ 300℃ 烘烤预热	770 ~ 780(水淬) 810 ~ 830(碱浴)	720 ~ 740	1.2 ~ 1.5	0.4 ~ 0.5
40Cr		840 ~ 860	780 ~ 800	1.4 ~ 1.5	0.5 ~ 0.6
T10A		770 ~ 790(水淬) 800 ~ 820(碱浴)	720 ~ 740	1.2 ~ 1.5	0.4 ~ 0.5
Cr12、GCr15	炉内加热时,可不预热	830 ~ 850	730 ~ 750	1.2 ~ 1.6	0.5 ~ 0.6
9Mn2V		780 ~ 800	730 ~ 750		
CrWMn		800 ~ 820	730 ~ 750		
5CrMnMo		830 ~ 850	730 ~ 750		
5CrNiMo		840 ~ 860	730 ~ 750		
5CrW2S		870 ~ 900			
Cr12MoV		960 ~ 980	830 ~ 850	1.0 ~ 1.2	0.3 ~ 0.4

4. 塑料模具钢的回火温度与硬度

塑料模具钢的回火温度与硬度见表 3-24。

表 3-24　塑料模具钢的回火温度与硬度

牌　号	达到下列硬度的回火温度/℃					
	28 ~ 32HRC	30 ~ 35HRC	35 ~ 40HRC	40 ~ 45HRC	45 ~ 50HRC	52 ~ 54HRC
45 钢	470 ~ 500	430 ~ 480	370 ~ 430	310 ~ 370	260 ~ 310	160 ~ 180
40Cr	420 ~ 480	400 ~ 440	340 ~ 400	270 ~ 340	210 ~ 270	160 ~ 180

（续）

牌　号	达到下列硬度的回火温度/℃					
	28～32HRC	30～35HRC	35～40HRC	40～45HRC	45～50HRC	52～54HRC
8Cr2MnWMoVS	作预硬钢时，在（550～620℃）×2h 回火 2 次，达到 44～48HRC					
25CrNi3MoAl	680℃时效			520～540℃时效		
7Mn15Cr2Al3V2WMo				650℃×（15～20）h		
20 钢				400～420	360～380	300～340
CrWMn				400～440	380～400	300～340

5. 时效型塑料模具钢的热处理工艺

时效型塑料模具钢的热处理工艺见表 3-25。

表 3-25　时效型塑料模具钢的热处理工艺

牌　号	固溶温度/℃	时效温度/℃	硬度 HRC	强度 R_m/MPa
18Ni(250)	815	482	50～52	1850
18Ni(300)	815	482	53	2060
18Ni(350)	815	510	57～60	2190
06Ni6MoVTiAl	800～850（油）	500～520（6～8h）	42～47	
25CrNi3MoAl	850～900（油）	510～530（8～10h）	40～42	1260～1350
10Ni3MnCuAl	840～850（空）	510～530（3～5h）（空）	40～42	1250～1300

6. 常用耐蚀型塑料模具钢的热处理规范

常用耐蚀型塑料模具钢的热处理规范见表 3-26。

表 3-26　常用耐蚀型塑料模具钢的热处理规范

牌　号	退火温度/℃	退火硬度 HBW	淬火温度/℃	回火温度/℃	回火硬度 HRC
20Cr13	800～900 缓冷	≤229	980～1050，油冷	600～750	45～50
40Cr13	800～900 缓冷	≤201	1050～1100，油冷	200～300	48～52
3Cr17Mo	800～900 缓冷	≤201	1020～1050，油冷	200～300	46～48
06Cr18Ni11Ti	1050～1080 随炉缓冷	≤187	1000～1100，水冷	270～350	45～48
14Cr17Ni2	680～700 缓冷	≤285	950～1050，油冷	275～350	45～50

（五）塑料模具的表面处理方法

为了提高塑料模具表面的耐磨性和耐蚀性，常对其进行适当的表面处理。

1. 镀铬

镀铬是一种应用最多的塑料模具表面处理方法，镀铬层在大气中具有强烈的钝化能力，能长久保持金属光泽，在多种酸性介质中均不发生化学反应。镀层硬度达 1000HV，因而具有优良的耐磨性。镀铬层还具有较高的耐热性，在空气中加热到 500℃时，其外观和硬度仍无明显变化。

2. 渗氮

渗氮具有处理温度低（一般为 550～570℃）、模具变形甚微和渗层硬度高（可达 1000

~1200HV）等优点，因而也非常适合塑料模具的表面处理。含有铬、钼、铝、钒和钛等合金元素的钢种比碳钢有更好的渗氮性能，用作塑料模具时进行渗氮处理可大大提高耐磨性。

适于塑料模具的表面处理方法还有氮碳共渗，化学镀镍，离子镀氮化钛、碳化钛或碳氮化钛，PVD、CVD 法沉积硬质膜或超硬膜等。

（六）影响塑料模具变形的因素

模具在热处理中会因为化学成分、钢材质量、几何形状、设计和热处理技术等而改变其变形的方向和程度，从而影响模具的最终尺寸。因此，应优化热处理工艺，尽量减少模具的变形程度。

1. 残余应力引起变形

钢材经过大量的磨削、弯曲和切削加工后应力很高，必须消除由这些加工而产生的应力，否则模具在热处理时会发生变形。

若模具零件需要切除大量的毛坯余量，则应该在粗加工（保留足够的精加工余量）后消除其应力，即粗加工后把模具加热到 250~300℃，并在此温度下保持足够的时间，再冷却到室温，然后可以进行精加工。

2. 热处理加热太快引起变形

热处理加热的速度应该足够慢，以便使模具各部分的温度基本上一致。在加热过程中，薄截面比厚截面膨胀得快，这会在模具的连接处产生应力，如果这种应力大于钢材的屈服强度，就会使模具变形。另外，在加热过程中，当薄截面首先达到临界温度并开始收缩而厚截面仍然在膨胀时，也会引起变形。

缓慢加热时，合成应力低于模具的屈服强度，因而模具不会发生变形。快速加热导致合成应力大于屈服强度时，模具会产生变形，当合成应力超过钢材的断裂强度时，将会导致模具破裂。

四、任务实施

1）写出透明斜面板注射模具零件的硬度要求，并合理安排其定模镶件的热处理工艺。

根据对透明斜面板注射模具工作条件及失效的分析，模具零件的硬度要求见表 3-27。

表 3-27　透明斜面板注射模具的硬度要求

零件号	零件名称	零件材料	硬度 HRC	零件号	零件名称	零件材料	硬度 HRC
1	推杆	65Mn	50~55	11	定模镶件	P20	46~48
2	锁扣	T10A	58~62	12	动模镶件	P20	46~48
3	锁扣	T10A	58~62	13	动模	45 钢	28~32
4	螺钉	45 钢	28~32	14	支承板	Q235	
5	定位块	45 钢		15	推杆固定板	45 钢	28~32
6	浇口套	T10A	50~55	16	推板	45 钢	28~32
7	定模	45 钢	28~32	17	支承柱	45 钢	40~45
8	定模座板	Q235		18	螺钉	45 钢	
9	导套	T8A	50~55	19	动模座板	Q235	
10	导柱	T8A	50~55				

透明斜面板注射模具定模镶件的材料为 P20，此钢材已预先硬化处理至 30 ~ 36HRC，可直接用于制模加工，并具有尺寸稳定性好的特点。P20 可满足一般用途需求，模具寿命可达 50 万次。为了提高模具寿命，使其达到 80 万次以上，可对 P20 实施淬火加低温回火的硬化处理。淬火时，先在 500 ~ 600℃预热 2 ~ 4h，然后在 850 ~ 880℃保温一定时间（至少 2h），放入油中冷却至 50 ~ 100℃出油空冷，淬火后硬度可达 50 ~ 52HRC。为了防止开裂应立即进行 200℃低温回火处理，回火后硬度可保持 48HRC，其热处理工序安排为：锻件→退火→粗加工→调质→半精加工→淬火、回火→精加工→钳修抛光。

2）写出塑料瓶盖压缩模具各零件的硬度要求，并合理安排其凸模的热处理工艺。

根据对塑料瓶盖压缩模具工作条件及失效的分析，模具零件的硬度要求见表 3-28。

表 3-28　塑料瓶盖压缩模具的硬度要求

零件号	零件名称	零件材料	硬度 HRC	零件号	零件名称	零件材料	硬度 HRC
1	螺钉	45 钢		5	销钉	45 钢	40 ~ 45
2	凹模	40Cr	44 ~ 48	6	导柱	T8A	50 ~ 55
3	凸模固定板	T8A	50 ~ 55	7	上模板	45 钢	28 ~ 32
4	凸模	40Cr	44 ~ 48				

塑料瓶盖压缩模具的凸模材料为 40Cr，此模具钢的力学性能较好。若需要模具表面硬度达到 48HRC 左右，又希望发挥 40Cr 优越的力学性能，常将 40Cr 淬火（850℃，油冷）、回火（520℃，水冷或油冷），硬度达 42 ~ 46HRC，这样就能得到需要的硬度和力学性能。其热处理工序为：锻件→退火→粗加工→调质→精加工→淬火、回火→钳修抛光→镀铬。

五、单元练习

（一）理论练习

1. 引起塑料模变形的原因是________、________。

2. 为了提高塑料模表面的耐磨性和耐蚀性，常对其进行__________、__________等表面处理。

3. ________是塑料模应用最多的一种表面处理方法。

4. 时效硬化钢的热处理工艺分两步，基本工序为________、________。

5. 时效处理最好在________炉中进行，若在箱式炉中进行，为防模腔表面氧化，炉内须通入________。

6. 预硬钢是以________供货的，一般不需热处理，但有时需进行________。

7. 软质塑料注射模常用的材料是________。

8. 对于有高硬度、高耐磨性和高韧性要求的塑料模具，要选用________钢来制造，并把________和________作为最终热处理。

（二）实践训练

分析图 3-7 所示带轮注射模具零件的硬度要求，并合理安排其凸模的热处理工艺，完成表 3-29。

表 3-29　带轮注射模具零件硬度要求

零件号	零件名称	零件材料	硬度 HRC	零件号	零件名称	零件材料	硬度 HRC
1	支架			14	螺钉		
2	螺钉			15	定模座板		
3	销钉			16	定模型芯		
4	支承板			17	螺钉		
5	型芯固定板			18	定位圈		
6	动模套			19	带头导柱		
7	左凹模			20	推杆		
8	右凹模			21	动模型芯		
9	定距销			22	拉料杆		
10	凸模			23	推杆固定板		
11	销钉			24	推板		
12	定模板			25	螺钉		
13	销钉						

单元四　综 合 训 练

一、问答题

1. 简述塑料模具的工作条件。
2. 热塑性塑料模具的失效形式有哪些？
3. 简述塑料模具材料的性能要求。
4. 选用塑料模具材料必须遵循哪些原则？
5. 型腔形状复杂的大型塑料模具应选用哪些材料？为什么？

二、实践训练

某企业生产的手机外壳零件图如图 3-7 所示，该塑件壁厚 1.6mm，局部最薄处只有 0.8mm，最大长度 102mm，最大宽度 49mm，最大高度 7mm。要求表面美观，尺寸精度要求高。所用材料为 ABS，收缩率为 0.5%，综合成型性能良好。塑件内侧 *B*、*C*、*D*、*F* 处及外侧 *A*、*E* 处有倒扣，均需采用抽芯机构，为孔较多的产品。图 3-8 为其模具总装图，要求：

1）分析手机外壳注射模具的工作条件及失效形式，选择合适的模具材料，写出各零件硬度要求，完成表 3-30。

2）合理安排其凸模的热处理工艺。

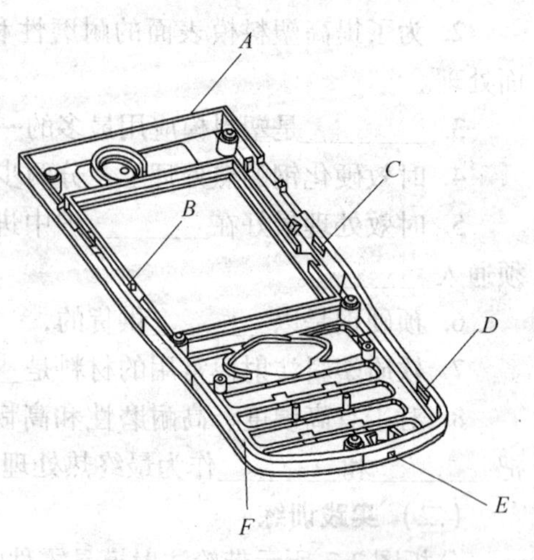

图 3-7　手机外壳

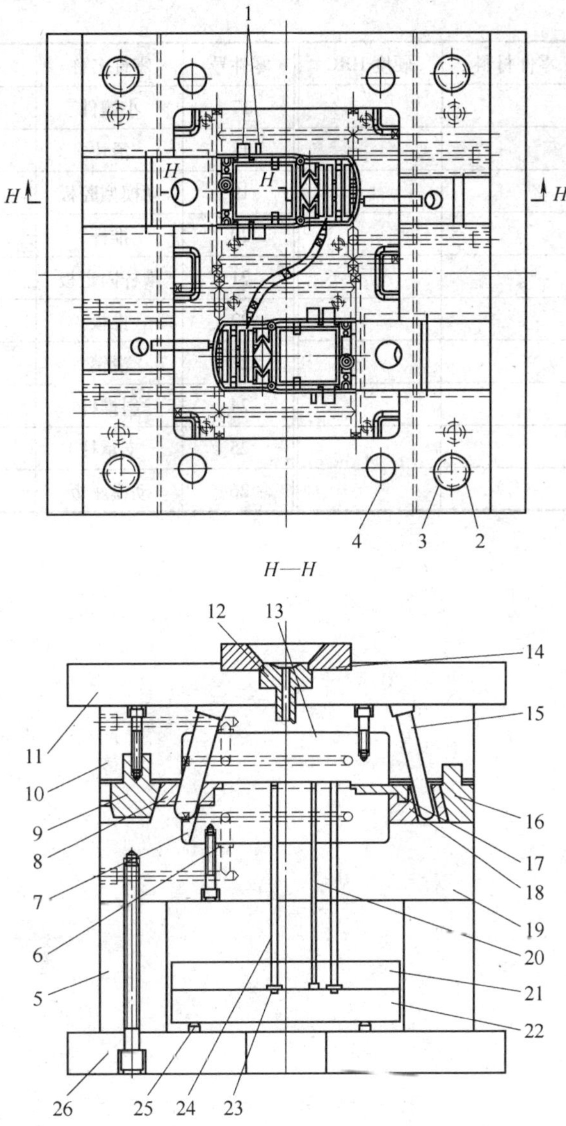

图 3-8　手机外壳注射模具总装图

1—枕位　2—导套　3—导柱　4—回程杆　5—支承块　6—防水圈　7—动模镶件　8、18—滑块　9、16—压紧楔　10—定模型腔板　11—定模座板　12—主流道衬套　13—定模镶件　14—定位环　15—斜导柱　17—小镶件　19—动模型腔板　20—推杆　21—推杆固定板　22—推板　23—滑销　24—斜推杆（斜顶）　25—支承柱　26—动模座板

表 3-30　手机外壳注射模具的材料选择及硬度要求

零件号	零件名称	零件材料	硬度 HRC	零件号	零件名称	零件材料	硬度 HRC
1	枕位			4	回程杆		
2	导套			5	支承块		
3	导柱			6	防水圈		

（续）

零件号	零件名称	零件材料	硬度 HRC	零件号	零件名称	零件材料	硬度 HRC
7	动模镶件			17	小镶件		
8	滑块			18	滑块		
9	压紧楔			19	动模型腔板		
10	定模型腔板			20	推杆		
11	定模座板			21	推杆固定板		
12	主流道衬套			22	推板		
13	定模镶件			23	滑销		
14	定位环			24	斜推杆		
15	斜导柱			25	支承柱		
16	压紧楔			26	动模座板		

参 考 文 献

[1] 王名涌，田福祥．带中间凸缘轴的冷镦模设计[J]．模具制造，2010，(3)．
[2] 部建新，苏娟华，周伯楚．高压开关触头座热挤压模设计[J]．模具工业，2007，33(2)．
[3] 叶荔津．铝合金接线盒压铸模设计[J]．模具制造，2010，(4)．
[4] 杨安民．门外壳斜楔拉深模设计[J]．模具工业，2001，(1)．
[5] 刘华伟，田福祥．气门顶杆冷挤压模设计[J]．模具工业，2010，(5)．
[6] 刘海雄．汽车踏脚板垫片冲裁复合模设计[J]．锻压装备与制造技术，2010，(4)．
[7] 胡清根，刘重桂，朱宏安．手机面壳塑料模设计[J]．金属加工，2009，(6)．
[8] 胡清根．透明斜面板的塑料模设计[J]．金属加工，2008，(3)．
[9] 吴木义．调整垫片冲裁模设计[J]．模具技术，2006，(3)．
[10] 刘永．汽车轮胎螺栓冷挤压模设计[J]．模具制造，2010，(9)．
[11] 田福祥．细长锥形套管压铸模设计[J]．特种铸造及有色合金，2006(9)．
[12] 胡振亚．轮轴六方孔热挤压模设计[J]．模具工业，2003，(2)．
[13] 吴兆祥．模具材料与表面处理[M]．2 版．北京：机械工业出版社，2011．
[14] 许发樾．实用模具设计与制造手册[M]．2 版．北京：机械工业出版社，2005．
[15] 李德群，唐志玉．中国模具设计大典[M]．南昌：江西科学技术出版社，2003．